"北京优农"
品牌农产品消费指南
（2023年）

北京市数字农业农村促进中心　编

中国农业科学技术出版社

图书在版编目（CIP）数据

"北京优农"品牌农产品消费指南（2023年）/北京市数字农业农村促进中心编 . -- 北京：中国农业科学技术出版社，2023.12

ISBN 978-7-5116-6661-1

Ⅰ . ①北…　Ⅱ . ①北…　Ⅲ . ①农产品 – 品牌营销 – 北京　Ⅳ . ① F724.72

中国国家版本馆 CIP 数据核字（2023）第 245559 号

责任编辑　崔改泵
责任校对　李向荣
责任印制　姜义伟　王思文

出 版 者　中国农业科学技术出版社
　　　　　　北京市中关村南大街 12 号　　邮编：100081
电　　话　（010）82109194（出版中心）　（010）82109702（发行部）
　　　　　　（010）82109709（读者服务部）
传　　真　（010）82105169
网　　址　https://www.castp.cn
经 销 者　各地新华书店
印 刷 者　北京中科印刷有限公司
开　　本　210mm×285mm　1/16
印　　张　13.5
字　　数　400 千字
版　　次　2023 年 12 月第 1 版　　2023 年 12 月第 1 次印刷
定　　价　150.00 元

《"北京优农"品牌农产品消费指南（2023年）》
编委会

主　　编：王永泉

副 主 编：王　剑　赵浩森　马　越　张卫国　李　征

编　　委：王劲松　裴　昕　郑伯秋　喻永强　张　亮　栾吉福

王永利　王文忠　张　萌　龚　平　栗　治　葛松涛

陈鑫烨　傅　鹏　张海龙　马晓立　马凤生　张晓玲

王晓丽　王宏勋　程　旭　韩若兰　桂　琳

编写人员：闫　雯　岳艳霞　王　宇　高　振　卢雪征　袁　震

游长立　孙　楠　赵　粮　吴　豪　吉友轶　刘　楠

张　巍　崔延博　赵　勇　许　爽　王　鸿　李婷婷

谭立娜

为贯彻落实中共北京市委、北京市人民政府《关于全面推进乡村振兴　加快农业农村现代化的实施方案》中"建立北京优农品牌目录，培育提升品牌价值"的有关要求，2021 年，"北京优农"品牌认定工作正式启动，建立了"北京优农"品牌目录。

"北京优农"品牌是基于北京市区域特征、历史人文、生产生活方式，对全市农业品牌进行梳理、提炼、重塑、创建和推广，打造覆盖全区域、全品类、全产业链的北京市优质农业区域公用品牌。大力推进"北京优农"品牌建设，是推动北京市农产品品种培优、品质提升和标准化生产的重要抓手，也是促进农业产业提档升级、加快推进乡村振兴的重要途径。

为打响"北京优农"金字招牌，更好地满足大众对优质农产品的消费需求，北京市数字农业农村促进中心组织编撰了《"北京优农"品牌农产品消费指南（2023 年）》。本书收录了"北京优农"品牌目录（2021—2023 年）的 170 个农业品牌的简介、荣誉、产品特点、供应周期、推荐贮藏和食用方法以及采购渠道信息等，包括"平谷大桃"等区域公用品牌 10 个，"小汤山"等企业品牌 104 个，"京一根"粉条等产品品牌 58 个，涉及种植业、畜牧业、渔业等初级农产品和初加工产品，以及部分精深加工、非物质文化遗产和休闲观光产品等。

本书在编写过程中得到了北京市各涉农区农业农村部门及有关单位的大力支持，在此表示衷心的感谢！

北京市数字农业农村促进中心

2023 年 12 月

目 录
CONTENTS

怀柔区
（10个）

密云区
（20个）

朝阳区
（1个）

中农春雨休闲农场

只为分享真正的有机食品

一、品牌简介

"中农春雨"品牌为中农春雨高科技股份有限公司所有。公司于 2000 年投资创建中农春雨休闲农业园区，至今已连续经营二十余年。园区位于北京市朝阳区金盏乡皮村东，温榆河西畔，总占地面积 1 200 余亩（15 亩 =1 公顷。全书同）。目前，园区内永久性基本农田 814.2 亩，包括有机蔬菜种植园 600 余亩，有机水果采摘园 200 余亩，设施农业面积 9 亩；园区的有机果蔬园、冬暖式日光温室、阳台菜园、鱼菜共生、轮胎创意乐园等设施可以满足全年有机宅配、观光采摘、教育科普等功能。

二、品牌荣誉

2022 年，"中农春雨"入选"北京优农"品牌目录；2021 年，公司获得北京市"市级优级农业标准化基地"称号；2020 年，公司入选"北京市中小学生社会大课堂"资源单位。

三、产品特点

目前，园区果树种植面积 200 余亩，采取露地与保护地相结合的种植方式，种植品种有樱桃、桃、梨、苹果、葡萄等，年产有机水果 150 吨，可以做到一年四季有水果采摘和宅配；园区种植的蔬菜品种涵盖茄果类、叶菜类、根茎类、瓜类等，年产各种有机蔬菜 800 吨，以供常年会员宅配和采摘。自 2015 年至今，水果、蔬菜已连续 9 年获得有机认证。

四、供应周期

全年。

五、推荐贮藏和食用方法

【贮藏方法】冷藏。

【食用方法】鲜食或烹饪。

六、采购渠道信息

中农春雨高科技股份有限公司

联系地址：北京市朝阳区金盏乡皮村路 521 号

联 系 人：王　方

联系电话：18800066198；18511223005

海淀区
（3个）

御前青玉

丰度
FENGDO

知翠

登录编号：BJYN-CP-2022003

地标农产品　产良心好物

一、品牌简介

北京海淀京西稻，在三国曹魏时期就开始建渠种稻，至今已有 1 700 多年的历史。之后康熙皇帝自种植御田，而且为康熙皇帝亲自发现和选育出来，所以人们称之为"御稻米"。京西稻发展至乾隆朝后期，种植已达一两万亩。历经康熙、雍正、乾隆祖孙三代 130 多年的稻作经营，也就完成了京西稻南稻北栽的全部发展过程，并由此形成了独特的皇家"御稻米"稻作文化，即京西稻作文化。1954 年，毛泽东主席在读《红楼梦》时，看到写贾府的庄头乌进孝进贾府交租，常用米千余石，而专供贾母享用的"御田胭脂米"只有"二石"，这引起了他的关注。他让农业部查了"御田胭脂米"的产地，并希望由粮食部门收购一些"御田胭脂米"，以供中央招待国际友人之用。由此，京西稻由国家统一收购，并上调到专门的仓库保管。

二、品牌荣誉

2021 年入选"北京优农"品牌目录；2010 年，基地认证了海淀区非物质文化遗产——京西水稻种植技术；2015 年，基地认证了中国重要农业文化遗产——北京京西稻作文化系统；2015 年，基地京西稻米成为农业部农产品地理标志产品。

三、产品特点

京西稻属于优质粳米，米粒椭圆丰腴、晶莹透明、米饭富有油性、黏而不糯、软硬适中、清香有弹性，米粥颜色青绿、香气独特、口感黏滑有米油。京西稻种植区地处海淀西山东部洼地，水资源丰富，能够保障水稻各生长期用水需求。其稻米严格按照加工流程生产：初清除杂、清理（磁选）、去石、砻谷、谷糙分离、厚度分离、碾米、白米精选、色选、抛光、白米分级、定量、检验、包装、入库。

四、供应周期

全年。

五、推荐贮藏和食用方法

【贮藏方法】置于阴凉、干燥、通风处。

【食用方法】因京西稻米为当年新稻谷加工而成，建议米水比例 1∶1.3，或依据个人口感适当调节水量和煮饭时间。

六、采购渠道信息

北京大道农业有限公司

联系地址：北京市海淀区上庄镇京西稻保护性种植区

联系人：王　培

联系电话：13146968806

⊙ 企业品牌——丰度

科技引领高产

一、品牌简介

丰度高科，继承了大北农的文化和精神，以"报国兴农　争创第一　共同发展"为核心理念，以"诚信　进取　效率　共赢"为核心价值观，立志高远，以企业文化、充分信任、充分授权、自主创业的事业平台、资金和智力股份化为人才驱动力，致力于成为最值得信赖的高价值种业科技企业。丰度高科拥有强大的产品供应体系与领先的商业开发能力，拥有全生态区的布局架构与不断拓展的发展能力，拥有经验丰富且稳定可靠的创业团队，倡导"科技引领高产"，用科学的体系、方法提供多元化服务，致力于为事业伙伴和农户创造更高的价值。

二、品牌荣誉

2023 年，被评为北京市"专精特新"中小企业，并入选"北京优农"品牌目录；2022 年，被评为国家高新技术企业、AAA 级信用评价等级种企、中关村高新技术企业、北京市创新型中小企业、全国育繁推一体化企业、北京科协企业创新联合体、中国农业大学教授工作站等。

三、产品特点

目前公司主推的市场竞争力强且口碑较好的品种包括农大 778（矮秆大棒高抗病，一粒封顶、结实性突出，且抗锈病、抗青枯、高抗倒伏、活秆成熟，品种表现非常优秀）、农华 803（活秆成熟，抗倒能力强，综合抗逆性突出，抗青枯、锈病等主要病害，有较高产量潜力）和中单 808（具有高产性、抗逆性和优良品质的玉米品种）等优势玉米品种。已与中国农业科学院作物科学研究所、中国农业大学、伟科育种等十八家单位达成深度合作，已形成完备成熟的生产技术体系，在甘肃武威、新疆昌吉、北京怀柔建有完备的果穗烘干、脱粒、精选、分级、包衣、包装一条龙的现代化种子加工生产线，具有每年 5 万吨玉米种子加工能力。高品质的制种生产保障，确保生产出高质量、高附加值的商品种子供应市场。

四、供应周期

全年。

五、推荐贮藏方法

【贮藏方法】冷凉环境下存放。

【食用方法】无

六、采购渠道信息

北京丰度高科种业有限公司

联系地址：北京市海淀区中关村大街 27 号 19 层 1901J

联 系 人：黄　亮

联系电话：18955167951

登录编号：BJYN-CP-2023001

 领鲜一步 安享美味

一、品牌简介

首农翠湖工场的智能连栋温室是目前京津冀地区最大的单体连栋温室，温室内种植环境卫生整洁，番茄产品质量稳定安全。为了更好地宣传番茄产品，首农翠湖工场打造出番茄产品品牌"知翠"。其中"知"为"知晓"之意，首农翠湖工场项目为都市智慧农业的典范，具备现代农业的科技、科普属性；"翠"字指代首农翠湖工场的项目名称，同时公司紧临翠湖湿地，具有地理属性。工场非常重视生产标准化工作，2020年至今一直积极开展GLOBAL G.A.P全球良好农业规范的认证工作，确保产品及生产、包装等流程安全健康。

二、品牌荣誉

翠湖001号荣获2023年"京津冀鲜食番茄&黄瓜擂台赛"樱桃番茄型番茄擂主奖；翠湖002号荣获2023年"京津冀鲜食番茄&黄瓜擂台赛"番茄二等奖；2023年入选"北京优农"品牌目录。

三、产品特点

知翠番茄精选欧洲进口品种，串收樱桃番茄产品果型好、串型佳、糖度高、果香浓郁、汁水丰富。首农翠湖工场的智能连栋温室引入环境调控系统、劳动力智能管理系统和水肥循环利用灌溉等系统，实现了数字化智能管理植株，保证番茄产品质量稳定安全。同时，温室内采用无土栽培、熊蜂授粉等先进方式种植番茄，种植周期长，番茄自然成熟，风味浓郁，口感佳。

四、供应周期

全年。

五、推荐贮藏和食用方法

【贮藏方法】常温贮存。

【食用方法】鲜食。

六、采购渠道信息

北京翠湖农业科技有限公司

联系地址：北京市海淀区上庄镇前章村西路29号

联 系 人：闫颖学

联系电话：13522560315

丰台区
（2个）

世界花卉大观园
Garden of World's Flowers

登录编号：BJYN-QY-2023002

揽天下奇花异草　聚世界经典园林

一、品牌简介

世界花卉大观园占地 41.8 公顷，具有 2 000 多种植物和汇集世界各地奇花异草、珍稀树木的六大温室和经典风景园林，是国家 4A 级风景区、全国休闲农业五星级园区，是集生态旅游、休闲观光于一体的大型植物乐园。

这里有体现"斗菊"技艺的菊花擂台赛，以及郁金香文化节等活动；连续举办四届的北京地景艺术节；花朝汉服文化节、光影夜游活动等。凭借 2022 年缘梦夜游体验记活动，世界花卉大观园荣登北京市文化和旅游局联合多家行业协会评选出的 2021 北京网红打卡地。

二、品牌荣誉

2023 年被评为北京休闲农业行业明星榜单"最旺人气园区"、入选"北京优农"品牌目录；2022 年被评为北京市休闲农业"十大京郊休闲农业打卡地"；2022 年在京华乡韵伴手礼大赛上被评为"丰台区梅花花神创意设计"；2021 年被评为北京文化艺术类网红打卡地（夜景经济类）；2021 年被评为北京新优花卉品种展示基地；2020 年被评为首都科普联合行动优秀组织单位等。

三、产品特点

在文旅体验方面，世界花卉大观园在"花"元素文创设计和开发进程中不断探索，结合当地悠久的花卉文化底蕴开发出十二花神文创形象，2023 年先后推出十二花神茶具套装、十二花神徽章、十二花神贴纸、十二花神点心、梅花花神文创雪糕等一系列文创产品，旨在通过推广文创 IP 形象，深挖植物深厚的文化底蕴，结合传统文化元素，进一步实现对传统文化的弘扬。

四、供应周期

全年。

五、推荐贮藏和食用方法

【贮藏方法】雪糕冷藏，其他常温。

【食用方法】开袋即食。

六、采购渠道信息

北京花乡世界花卉大观园有限公司

联系地址：北京市南四环中路 235 号

联　系　人：李红涛

联系电话：18131267007

⊙ 企业品牌——东颐

登录编号：BJYN-QY-2023003

东颐食品，妈妈的味道

一、品牌简介

东颐食品创建于 1997 年，旗下拥有"东颐""庆福斋"两个品牌。东颐食品以"精益求精的奉献"为企业精神，建有现代化研发中心，通过自主研发已拥有国内先进的各类主食生产线。在坚持传统工艺精华、弘扬民族美食文化的同时，与国内外多家食品行业科研机构进行密切合作，与上下游企业开展产业链创新实践，并正在筹建博士后工作站，不断提升产品品质，并充分挖掘年轻一代用户的需求，开发消费者喜爱的新产品。20 多年来，东颐食品坚守品质第一、安全第一、健康第一，以"东颐食品，妈妈的味道"为宗旨，用无添加的做法、最家常的味道赢得市场认可，并持续升级质量管理体系，将严苛的质量管控标准贯穿于整个生产链中，让市民吃得放心，商家卖得安心，从而确保人民群众"舌尖上的安全"。

二、品牌荣誉

2023 年入选"北京优农"品牌目录；2022 年被认定为"专精特新"中小企业；2021 年被认定为"北京市高新技术企业"，获得"首都劳动奖状"。

三、产品特点

公司采用河套面粉，以面筋质高的特精面粉作为原材料，将传统的手工面条制作方法进行了工业化生产改造，更好地解决了批量生产的问题，使传统文化与现代机械化生产相融合，满足了面条的口感、弹性及营养价值要求，并引进先进的醒发工艺，使面条的筋度特点发挥到极致。产品主要包括：鲜面含水量 30% 左右的生面条，特点是含水量高、口感好；鲜湿面（半干面）含水量一般在 20% ～ 25%，主要特点是，含水量高、口感好，且保质期比鲜面要长些。

四、供应周期

全年。

五、推荐贮藏和食用方法

【贮藏方法】冷冻或冷藏。

【食用方法】开水煮制 3 分钟左右，保持产品韧性，自制卤汁、炸酱等调味品，搅拌均匀，味道鲜美。

六、采购渠道信息

北京东颐食品科技有限公司

联系地址：北京市丰台区长辛店镇赵辛店公主坟 5 号

联系人：张　宴

联系电话：13121254830

门头沟区
（7个）

妙峰山玫瑰

登录编号：BJYN-GY-202109

京西天然生态　品味灵山绿产

一、品牌简介

为落实门头沟区委、区政府打造"绿水青山门头沟"城市品牌的工作任务，2019 年 10 月，北京京门商业投资发展有限公司出资成立北京灵山绿产商贸有限公司（简称"灵山绿产"）。"灵山绿产"作为北京区域性绿色产品品牌，着力念好"孵、创、挖、助"的品牌建设四字诀。一是孵化，即整合本地特色农产品资源，丰富产品结构和服务内容，以实现"灵山绿产"区域名、特、优、新农产品全覆盖；二是创新品牌发展模式，即通过组织、参与多种特色活动，积极拓宽本地特色农产品和帮扶产品的销售渠道；三是挖掘消费市场潜力，即建立线上线下、专区专柜、直播带货等多渠道、多层次的立体营销网络；四是助力乡村振兴和农业农村发展，即发挥国企平台的桥头堡作用，帮助本地农产品实现与市场对接，助力农民增收。

二、品牌荣誉

2021 年入选"北京优农"品牌目录，并获得"脱贫攻坚先进集体"称号。

三、产品特点

灵山绿产鲜榨果汁饮料，采用含 ≥ 40% NFC 沙棘原浆，而沙棘被誉为水果中的"维生素宝库"，含有人体所需的氨基酸 18 种，每 100 克沙棘鲜果的维生素 C 含量高达 1 118 毫克，是草莓的 14.5 倍、猕猴桃的 8 倍、柠檬的 9 倍。饮料 0 蔗糖无添加，质本纯真，营养丰富更健康。饮料中的有机沙棘原汁，非浓缩还原，在充分保留有机沙棘果汁营养成分的同时，为了适应惧糖人群饮用，添加了木糖醇作为甜味剂和营养补充剂，口感酸甜可口，而且能够拒绝肥胖、避免血糖升高、防止龋齿。

四、供应周期

全年。

五、推荐贮藏和食用方法

【贮藏方法】放置阴凉干燥处，避免阳光暴晒。

【食用方法】冷藏饮用，口感更佳。本品不添加防腐剂，开盖后应立即饮用完。

六、采购渠道信息

北京灵山绿产商贸有限公司

联系地址：北京市门头沟区新桥大街 49 号 2 层

联 系 人：高军晓

联系电话：15611107869；010-61806070

◉ 企业品牌——拇指姑娘

登录编号：BJYN-QY-2021061

"真自然　满VC"

一、品牌简介

"拇指姑娘"品牌创立于 2015 年，是北京清水云峰果业有限公司旗下的高端奇异莓鲜果品牌。品牌故事围绕"自然"：百花山国家级自然保护区，采用有机种植的方式；"神秘"：国家猕猴桃种质资源圃提供的奇异莓品种；"健康"：高 V_C 给消费者带来健康友好的生活体验。"拇指姑娘"品牌产品年产 150 吨，连续 8 年获得有机、绿色农产品"双认证"。

二、品牌荣誉

2021 年入选"北京优农"品牌目录。

三、产品特点

产品品种由国家猕猴桃种质资源圃提供，适合本地气候，满足实际运营要求。与中国科学院奇异莓专家工作站合作，使得奇异莓质量逐年提升。品牌打造主要依靠线下地推与线上自媒体相结合。此外，公司有完善的产品质量标准，全年工作均按计划执行，按质量标准检查，而且与国内同类产品比较，是全国唯一获得有机认证的产品，品种区隔明显，并且离北京市场最近。

四、供应周期

8 月中旬至 9 月底。

五、推荐贮藏和食用方法

【贮藏方法】冷藏库 0 ～ 5℃冷藏。

【食用方法】即食。

六、采购渠道信息

北京清水云峰果业有限公司

联系地址：北京市门头沟区清水镇李家庄村

联 系 人：李深

联系方式：13501018783

登录编号：BJYN-QY-2021062

喝灵之秀黄芩茶
让口感来说话

一、品牌简介

灵之秀品牌注册于2002年，是北京灵之秀文化发展有限公司的企业品牌。2020年，灵之秀京西黄芩茶传统制作技艺被列入北京市市级非物质文化遗产。近20年来，灵之秀采用"公司＋合作社＋农户"的形式，在北京市门头沟区雁翅镇大村建立了黄芩种植、加工、销售、旅游为一体的三产融合发展基地，建成了黄芩小镇旅游接待中心，打造出北方特色茶农，有效带动了深山区农民的就业增收和脱贫致富。灵之秀黄芩茶具有"色鲜润、香浓郁、味醇爽、形秀美"等品质特征，是老少皆宜的天然养生茶饮，被誉为"北方之嘉木"，而且"灵之秀"也被评为北京市著名商标。自2005年起，灵之秀已在京西开展了13届"北方有嘉木"灵之秀京西山茶旅游文化节，吸引了5万余人走进了黄芩小镇。

二、品牌荣誉

2021年被评为北京园林绿化科普基地、北京市文化旅游体验基地，入选"北京优农"品牌目录；2020年被评为第十八届中国国际农产品交易会最受欢迎农产品；并获得"2020年中国特色旅游商品大赛"入围奖。

三、产品特点

灵之秀黄芩茶系列产品包括：黄芩禅茶、茉莉黄芩、黄芩翠芽、黄芩翠珠、野碧螺、黄金叶、黄芩茶膏等，具有"色鲜润、香浓郁、味醇爽、形秀美"等品质特征，是老少皆宜的天然养生茶饮，被誉为"北方之嘉木"！

四、供应周期

全年。

五、推荐贮藏和食用方法

【贮藏方法】干燥、避光、低温、远离异味的环境下可多年保存。

【食用方法】100℃开水冲泡饮用。

六、采购渠道信息

北京灵之秀文化发展有限公司

联系地址：北京市门头沟区绿岛家园底商8-3号

联 系 人：张建民

联系电话：13911835414；010-69859093

◎ 产品品牌——泗家水

登录编号：BJYN-CP-2021034

泗家水® **地标有机美名扬　中国香椿泗家水**
SIJIASHUI

一、品牌简介

北京泗家水香椿种植专业合作社成立于 2007 年，位于北京市门头沟区雁翅镇泗家水村，是以红头香椿的种植培育、采摘加工、仓储物流于一体的综合性农业合作社。合作社现有农户 103 户，具有红头香椿标准化种植基地 1 300 亩。2006 年，泗家水村在"植物、新鲜蔬菜"上向国家工商总局商标局申请注册"泗家水 SIJIASHUI"商标。泗家水红头香椿至今已有 600 多年的栽培历史，明清时期为"宫中贡品"。从 2002 年开始，泗家水红头香椿进入中南海，恢复明清时期"宫中贡品"之称，名声远扬。泗家水红头香椿品牌的创建解决了当地产品的收购和销售，以及进入市场一家一户无法解决的难题，促进了红头香椿的规模化生产；预计可实现年销售收入 60 多万元，带动社员户均年增收 5 800 多元，其社会效益和经济效益相当明显。

二、品牌荣誉

2021 年入选"北京优农"品牌目录；2022 年获得北京市休闲农业"十百千万"畅游行动、香椿美食推介活动优秀奖；2022 年"门头沟泗家水红头香椿栽培系统"被纳入北京市农业文化遗产；2023 年获得北京市消费者协会"诚信服务承诺单位"荣誉称号。

三、产品特点

泗家水红头香椿具有"头大抱拢、色泽红润光亮，味香浓郁、汁多鲜嫩、食后无渣"等优良品质。此外，当地保持只采顶芽、不采侧芽的传统采摘方式，使其品质更为嘉良，而且更为独特的是刚采下的顶芽香椿具有丁香花的清香。在生产中，严格按照有机食品生产相关规定，而且严格禁止使用农药、化肥。

四、供应周期

鲜货：4 月下旬至 5 月中旬。

速冻、晒干、腌制产品：全年。

五、推荐贮藏和食用方法

【贮藏方法】保鲜、速冻、晒干、盐腌。

【食用方法】凉拌、油炸、炒制、做馅料等。

六、采购渠道信息

泗家水香椿专业合作社

联系地址：北京市门头沟区雁翅镇泗家水村北台 1 号

联 系 人：张文武

联系电话：13020077865；010-61837148

登录编号：BJYN-CP-2021035

聚绿水青山灵气　结平安智慧果实

一、品牌简介

太子慕村位于门头沟区雁翅镇中部，面积7.44平方千米，距离北京市中心70千米。村名的由来在当地有一个美丽的传说，在明代永乐年间，传说有太子巡幸西山，沿京西古道翻山越岭，至此小驻时，吃到当地产的沙果，奇香无比，惜果实太小，遂命人将沙果与苹果嫁接，所得果实，香味如沙，果大如苹。当地人感谢太子关心农事，将所嫁接之树称之为"太子木"。而太子也仰慕当地民风淳朴，知恩有报，文人则雅称之为"太子慕"。太子死后，又葬于此地，人们遂称此地为"太子墓"，久之成为村名。太子墓村地处生态涵养区山麓阶地上，苹果树林环村而生，永定河水绕村而流，整村犹如一幅绚丽的图画，镶嵌在永定河百里画廊中间。全村共有果园498亩，因盛产苹果成为"京西苹果第一村"。

二、品牌荣誉

2021年"太子慕"苹果入选"北京优农"目录，2007年"太子慕"苹果获得了国家有机食品认证。太子墓村是市级生态村、卫生村、首都文明村、北京市健康促进示范村、北京市绿色村庄和全国"一村一品"示范村，北京太子墓村苹果种植专业合作社获评北京市休闲农业三星级园区。

三、产品特点

太子墓村在20世纪90年代就引进了日本红富士、美国蛇果等十几种果品，开展果树种植，现有标准化有机果园489亩。2007年在太子墓村苹果协会的基础上，注册了太子墓村苹果种植专业合作社，共有社员156人，其中专职技术人员10人，都有从事十年以上苹果种植经验。太子墓村海拔288米，位于永定河畔，昼夜温差较大，山高气爽，苹果从没有发生雾潮现象。鉴于基地独特的地理环境和气候特征，苹果甜脆可口，逐渐形成一种品牌。

四、供应周期

10—12月。

五、推荐贮藏和食用方法

【贮藏方法】低温冷藏保鲜。

【食用方法】即食。

六、采购渠道信息

门头沟雁翅镇太子墓富士苹果生产基地

联系地址：北京市门头沟区雁翅镇太子墓村

联 系 人：杨雪云

联系电话：13651291203；010-61830040

妙峰咯吱

吃咯吱真健康，五谷杂粮片片儿香

一、品牌简介

"妙峰咯吱"起源于北京妙峰山庙会，至今已有 300 多年的历史。妙峰咯吱属粗粮细作，主要原料以山地种植的玉米，以及各种豆子、杂粮为主。过去当地百姓只有过年时才能吃到咯吱，咯吱也成为年节招待亲朋好友的特色美食，而且当地一绝的咯吱自然也成为外出访友时必带的礼品。妙峰咯吱讲究用石磨碾压成水磨浆，再用咯吱铛摊成薄饼，切成长条块自然晾干，食用时过油炸至金黄，嚼起来酥脆可口，五谷香回味无穷。

李福奎——非物质文化遗产"妙峰山咯吱"代表性传承人，咯吱宴创始人。经过 20 年的社会历练，于 2017 年回到家乡创办"北京百旺创新合作社"。创办合作社的初心是发展农村特色产业、培育农村知名品牌，振兴农村经济、促进村民就业增收。经过五年的发展，现合作社已经打造出"妙峰咯吱""担礼""开市香椿"等产品品牌及"妙峰骑行小镇""樱花泉谷""红枣小院"等运营项目品牌。

二、品牌荣誉

2022 年被评为京华乡韵伴手礼；2021 年被评为北京市乡村特色美食；2021 年入选"北京优农"品牌目录；2020 年被第十八届中国国际农产品交易会评为最受欢迎农产品；2020 年被列入门头沟区级非物质文化遗产；2020 年被中国国际"互联网+"大学生创新创业大赛评为职教赛道（北京）一等奖。

三、产品特点

妙峰咯吱原材料全部选取山区绿色纯天然种植的玉米、小米、豆子等原材料。此外，在妙峰咯吱原有的基础上，增加了多口味零食及 50 余种菜肴制作方法，而且通过政府帮扶，妙峰咯吱强化了品牌培育，从小山村逐步走向了全国，并且其加工从家庭厨房升迁到四面环山的妙峰咯吱产业园，生产环境干净卫生，生产工艺标准化。

四、供应周期

全年。

五、推荐贮藏和食用方法

【贮藏方法】常温阴凉保存。

【食用方法】开袋即食、烹饪加工。

六、采购渠道信息

北京百旺创新种植专业合作社

联系地址：门头沟区妙峰山镇樱花泉谷

联 系 人：尹　丹

联系电话：15801322123

登录编号：BJYN-CP-2022007

妙峰山玫瑰

一、品牌简介

"妙峰山玫瑰"拥有几百年的种植历史，产地妙峰山镇被誉为"中国玫瑰之乡"，主产区涧沟村和禅房村，又称玫瑰谷。"妙峰山玫瑰"栽植在海拔 800 米以上的高山地区，以其朵大、色艳、味浓、含油量高、品质优异、经济价值高而驰名中外，居华夏之首。

二、品牌荣誉

2022 年"妙峰山玫瑰采摘加工技艺"被评为门头沟区非物质文化遗产，并入选"北京优农"品牌目录；2021 年"妙峰山玫瑰酥饼"获得北京市乡村特色美食奖。

三、产品特点

妙峰山玫瑰有两个特点，一是颜色大多是单一的紫红色，没有红黄粉的跳色，当万亩的山坡和沟谷中全部被娇艳的紫红色点缀，那份壮观和精美让人流连忘返；二是花朵大、花瓣多，微风吹拂下层次感更显丰富，因此这里的玫瑰既叫作"高山玫瑰"，也被称为"重瓣紫枝玫瑰"。基于此特色，妙峰山积极发展玫瑰种植，着力打造优质旅游产品。

在食用价值上，立足地域特色，深入挖掘玫瑰花口感特色。妙峰山玫瑰受其独特的簸箕形盆地种植区影响，受热排水条件好，夏至日照时数不少于 13 小时，花期雨少，光照充足，有利于玫瑰精油的形成和积累，土壤腐殖层较厚，呈微酸性，铁、锰、铜、锌等微量元素含量高，自然条件得天独厚，所产重瓣玫瑰花朵大、色艳、产量高、香味浓、出油率高（0.04% ～ 0.05%），非常适合制作相关玫瑰馅料。

四、供应周期

全年。

五、推荐贮藏和食用方法

【贮藏方法】按需保存、加工。

【食用方法】无。

六、采购渠道信息

北京玫瑰谷香露有限公司

联系地址：北京市门头沟区妙峰山镇禅房村 65 号

联系人：李　冉

联系方式：13911712138

房山区
(17个)

登录编号：BJYN-QY-2021020

为老百姓提供优质放心肉

一、品牌简介

北京燕都食品有限公司成立于2000年9月，占地面积134.5亩，位于北京市房山区琉璃河镇平各庄村东，总投资1.2亿元，总建筑面积1.8万平方米。公司周边交通便利，距高速路仅200米，是京西南房山区唯一一家官方授权的生猪屠宰企业。公司是集生猪屠宰、肉类加工、物流仓储配送及销售等为一体的专业企业，产品主要销往北京市批发市场、机关团体食堂、商场超市、大专院校等单位，深受市场和消费者的欢迎。公司十分重视产量和品牌建设，为了确保环境质量，还建有日处理能力为1 500吨的大型污水处理厂，从而保证了所有污水及废弃物都能够经过无害化处理和达标排放。

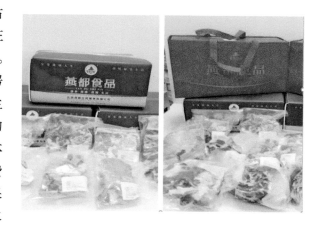

二、品牌荣誉

2023年被评为安全优质农产品优秀供应商、北京学校基地直供优秀供应商；2022年疫情期间出色完成了房山区民生保供单位的肉类供应保障任务，并获评北京市农业产业化重点龙头企业、北京市政府肉类储备单位、北京市生活必需品政府储备承储单位；2021年入选"北京优农"品牌目录。

三、产品特点

公司严格按照检疫检验流程，对产品进行审核记录留样并保存完整档案，从进货渠道到运输途中，从生产加工到包装销售，全面保证消费者吃到放心猪肉，而且公司的猪肉产品从屠宰到餐桌建成了一条龙全方位可追溯服务体系。

四、供应周期

全年。

五、推荐贮藏和食用方法

【贮藏方法】-18℃及以下冷藏。

【食用方法】可烹饪成炒菜、熟食、烧烤、炖菜等美食。

六、采购渠道信息

北京燕都食品有限公司

联系地址：北京市房山区琉璃河镇平各庄村东

联 系 人：褚志林

联系方式：13141353478

⊙ 企业品牌——碧生源

登录编号：BJYN-QY-2021021

碧生源® 专注绿色、草本、健康好产品

一、品牌简介

碧生源控股有限公司成立于 2000 年，是中国功能保健茶优质供应商，主要从事功能保健茶的研发、生产、销售及推广业务。

碧生源深耕大健康产业发展，坚持以"一竖两横"为指导方针，聚焦草本植物与健康养生；在"减肥与体重管理""润肠通便与胃肠道健康"的领域延展新事业，并持续布局新渠道、新产品、新业态，力争打造大健康行业生态体系。

二、品牌荣誉

碧生源在中国保健品领域持续深耕 23 年，于 2010 年 9 月作为"减肥茶第一股"登录香港资本市场。在 2010 年、2012 年、2014 年连续三届荣获中国保健品协会"中国十大公信力品牌"荣誉称号；碧生源被国家工商总局认定为"中国驰名商标"。2014 年，碧生源作为唯一产品型企业亮相第 43 届世界广告大会，并获得"第 43 届世界广告大会优秀参展商"。与此同时，碧生源独家冠名湖南卫视热播娱乐营销节目《花儿与少年》，开启碧生源品牌发展新时代。2018 年荣获"社会责任杰出企业奖"，2019 年荣获"爱心企业"荣誉称号；2021 年入选"北京优农"品牌目录。

三、产品特点

草本好茶，内调外养，精妙配伍，入口甘醇，清爽解腻，更懂需求的用户减肥茶；润肠通便，润、通、养、补，专注肠道健康。

四、供应周期

全年。

五、推荐贮藏和食用方法

【贮藏方法】贮存于阴凉干燥处。

【食用方法】每日 2 次，每次 1 袋，饭后半小时，用 200 ～ 300 毫升开水冲泡，5 ～ 10 分钟后趁热饮用，一次饮完即可。

六、采购渠道信息

碧生源控股有限公司

联系地址：北京市房山区窦店镇秋实工业小区 1 号

联 系 人：李晨颖

联系电话：15698532885

登录编号：BJYN-QY-2021022

即用、即食的优质产品供给

一、品牌简介

北京南河北星农业发展有限公司位于北京最美丽乡村房山区大石窝镇南河村。公司创建于2009年，相继投资固定资产2.3亿元。公司致力于发展绿色食品、无公害农业，采取以"龙头企业＋基地＋农户"的生产模式，建设有800余亩标准化"无公害蔬菜"基地，先后在河北沽源、山东菏泽、浙江临海、北京通州与延庆等地建立了5 000多亩的蔬菜基地，积极带动当地农业的发展。公司实现速冻蔬菜年产4 000余吨，日加工即用蔬菜20余吨、即食鲜切蔬果15吨，年销售额突破2.8亿元，带动1 000余农户增收，也促进了南河村农业经济的发展。

北京南河北星农业发展有限公司

鲜切蔬菜生产工艺流程图

```
※原辅料验收 → ※原辅料预处理 → 蔬菜清洗、截切 → 产品内包装 → ※金属探测 → 产品外包装
                                                                              ↓
                              ※冷藏、运输 ← 入库
```

二、品牌荣誉

2023年第六次被评为"北京市农业产业化重点龙头企业"；2021年入选"北京优农"品牌目录。

三、产品特点

南河北星主要从事鲜食蔬菜加工、水果沙拉、速冻食品、冷链即食食品的研发及生产。

四、供应周期

全年。

五、推荐贮藏和食用方法

【贮藏方法】冷藏0～4℃。

【食用方法】开袋即食或微波加热食用。

六、采购渠道信息

北京南河北星农业发展有限公司

联系地址：北京市房山区大石窝镇南河村北1号

联 系 人：李新跃

联系电话：15801500286

企业品牌——凯达恒业

高端品质、大众价格
将薯条推向中国每个餐桌

一、品牌简介

北京凯达恒业农业技术开发有限公司创立于 2000 年，是一家以企业品牌"凯达恒业"和产品品牌"薯都薯""脆脆乐""凯达薯业"为核心品牌，主要经营休闲薯条、果蔬脆片、冷冻薯制品等系列产品，集研发、生产、营销、服务于一体的现代化农产品加工制造企业。

公司于 2016 年在北京、内蒙古建立两处生产基地，凭借优质的产品和时尚的包装设计风格，使"薯都薯""凯达薯业"等产品远销欧美、日韩等 30 多个国家和地区，公司也成为中国果蔬脆片行业极具规模与影响力的企业之一，在全国果蔬脆片市场的占有率及品牌知名度均名列前茅，多次荣获中国国际农产品交易会金奖，并在 2018 年中国果蔬脆片十大品牌排行榜评选中荣登榜首。

二、品牌荣誉

2021 年入选"北京优农"品牌目录；2019 年被评为北京农业好品牌。

三、产品特点

公司自创立以来，在国内果蔬脆片行业深耕多年，品牌在行业内的口碑也已经初步形成，客户忠诚度也较高。"凯达薯业"作为冷冻薯制品的新兴品牌，致力于将其打造成冷冻薯类制品的第一品牌。

休闲薯条和果蔬脆片采用真空低温油浴脱水技术，通过现代化的智能装备加工制成的具有现代时尚的休闲食品。真空低温油浴技术，不仅有效避免高温油炸所产生的各种有害物质，营养流失少，而且从最大程度上保留了果蔬原有的色泽和形状。产品具有营养、健康、安全、时尚的特点，而且公司用优质的原材料、智能化的生产设备、现代化的生产工艺，制造出优质的产品，并通过了 AIB 等国际体系认证，以及 HACCP 等国内体系认证。

四、供应周期

全年。

五、推荐贮藏和食用方法

【贮藏方法】休闲薯条、果蔬脆片：置于阴凉通风干燥处，避免阳光直射；冷冻薯制品：冷冻贮藏。

【食用方法】休闲薯条、果蔬脆片：开袋即食；冷冻薯制品：将冷冻产品，烹炸 175 ～ 180℃ 2 分 30 秒至 3 分 30 秒，炸至金黄色即可。

六、采购渠道信息

北京凯达恒业农业技术开发有限公司

联系地址：北京市房山区窦店镇久安路 38 号

休闲薯条、果蔬脆片联系人：郝　贞

联系电话：13011116183

冷冻薯制品联系人：孙　丽

联系电话：13811194371

登录编号：BJYN-QY-2021024

波龙堡　从房山出发　与世界同行

一、品牌简介

波龙堡酒庄成立于1999年，位于房山区城关街道八十亩地村，是房山最早开始种植葡萄以及最早建立的酒庄。酒庄总占地面积70公顷，种植园区面积53公顷，种植的葡萄品种有赤霞珠、马瑟兰、美乐、霞多丽等。作为中国第一家有机酒庄，高端的葡萄酒品质享誉国际，极具市场竞争力和影响力。波龙堡严格按照酒庄酒的生产模式，把控每一个生产环节，以精益求精的态度，酿造每一瓶波龙堡有机葡萄酒。

二、品牌荣誉

2022年，荣获2022PAR国际有机葡萄酒大赛（秋季）金奖，同年在第五届"发现中国·中国葡萄酒发展峰会"上波龙堡酒庄特别定制的2019马瑟兰有机干红葡萄酒斩获大金奖；2021年入选"北京优农"品牌目录。

三、产品特点

波龙堡酒庄始终坚持有机模式种植葡萄、按照有机工艺标准酿造葡萄酒，旨在生产健康、自然、高品质的中国有机葡萄酒。公司先后取得了中国有机产品认证、欧盟有机产品认证和美国有机产品认证。波龙堡酒庄规范健全企业管理体系，提高产品质量，取得了HACCP食品安全管理体系认证、ISO 9001质量管理体系认证、ISO 14001环境管理体系等认证。酒庄建筑面积5 000平方米，包括前处理车间、酿造车间、地下酒窖、灌装车间、储酒库、品酒室等，从葡萄种植到前处理、发酵、陈酿、灌装、贮藏等，整个产业链全部在酒庄内完成。

四、供应周期

全年。

五、推荐贮藏和食用方法

【贮藏方法】卧放，温度控制在10～18℃，避光通风。

【食用方法】开瓶直饮。

六、采购渠道信息

北京波龙堡葡萄酒业有限公司

联系地址：北京房山区城关街道办事处八十亩地村波龙堡酒庄

联 系 人：靳　昱

联系电话：13466359833

⊙ 企业品牌——三江宏利

登录编号：BJYN-QY-2021025

北京鸭　地标优品　国色鲜香

一、品牌简介

北京三江宏利牧业有限公司成立于 2005 年 6 月 30 日，位于房山区琉璃河镇常舍村，是集北京鸭养殖、鸭苗孵化、育成饲养、活鸭回收、屠宰加工、熟食加工、产品销售于一体的龙头企业。公司年屠宰加工北京鸭 600 万只，是北京市重点龙头企业、全国民族特需商品定点生产企业、北京市定点屠宰企业，并具有北京鸭农产品地理标识。

二、品牌荣誉

北京市农业产业化重点龙头企业；2021 年入选"北京优农"品牌目录。

三、产品特点

北京鸭是得天独厚的地域特色美食。北京水质矿物质丰富，环境、天气、土质等最适合饲养北京鸭。公司建立了以北京市为中心较完善的国内市场营销网络，产品销往河北、天津、上海、广州各省市。

四、供应周期

全年。

五、推荐贮藏和食用方法

【贮藏方法】－18℃冷藏。

【食用方法】解冻后，烤制 2 小时。

六、采购渠道信息

北京三江宏利牧业有限公司

联系地址：北京市房山区琉璃河镇常舍村

联 系 人：孙　科

联系电话：13701101992

登录编号：BJYN-QY-2021026

TFQ天蜂奇® 　用心做最好的蜂蜜

一、品牌简介

北京天蜂奇科技开发有限公司成立于 2006 年。"天蜂奇"商标于 2014 年注册，商标注册证书由公司持有。天蜂奇一直把产品质量视为生命，不断加强产品质量检测体系建设，做好产品的规范化和标准化生产，依靠产品实力征服了市场。公司有 SC 生产许可证，近三年无违法生产及质量安全问题。公司旗下有北京天蜂奇养蜂专业合作社，会不定期为蜂农传授养蜂专业知识，请专家对蜂农开展养蜂技能培训，以及蜜蜂病情防治，蜂蜜、蜂王浆、蜂花粉等标准化生产的指导，

从而提高其产量与品质。公司对蜂产品实行统一优质优价收购，使蜂农直接受益。公司拥有 10 000 平方米高科技现代化厂房和 10 万平方米净化车间，2022 年营业额达 839 万元。

二、品牌荣誉

2021 年"天蜂奇"企业品牌入选"北京优农"品牌目录。

三、产品特点

"天蜂奇"牌系列蜂产品有多个品种，如蜂蜜、蜂花粉、蜂王浆等，以"优质、绿色、健康"为特色，为广大消费者提供纯正、安全的产品。天蜂奇蜂蜜绝不添加糖，为天然蜂蜜，波美度达到 42 度以上；天蜂奇蜂王浆葵烯酸含量高。公司为房山区龙头企业，原料进场经各项指标检测合格后方可入库，有效保证蜂原料的优质品质。同时，公司是国内众多知名企业的蜂蜜原料提供商，在业界具有良好的口碑。

四、供应周期

全年。

五、推荐贮藏和食用方法

【贮藏方法】置于阴凉干燥处。

【食用方法】开盖即食。

六、采购渠道信息

北京天蜂奇科技开发有限公司

联系地址：北京市房山区城关街道顾八路一区 3 号

联 系 人：李　宁

联系电话：18618430322

◉ 企业品牌——皇城货郎

登录编号：BJYN-QY-2021027

老北京的味道

一、品牌简介

北京利民恒华农业科技有限公司成立于 2005 年底，属国家高新技术企业、中关村高新技术企业、北京市农业产业化重点龙头企业、北京市重点信息化龙头企业。2017 年成为区级非物质文化遗产，并利用"互联网＋御酱"的营销模式及建立标准化、连锁化社区店的方式，构建起线上线下、微信、自媒体的立体营销网络，产品也受到了消费者的热捧，并获得了 28 项实用专利、10 项发明专利的授权。更值得一提的是北京利民恒华农业科技有限公司董事长以"诚实守信办企业，匠心情怀做食品"的工匠精神，荣获 2017 年度"北京榜样"称号，引起社会各界的关注与共鸣。用匠心打造真品质，是利民恒华人的坚持，未来利民恒华将以酱为媒打造一条生态产业链，永远为老百姓的餐桌保驾护航！

二、品牌荣誉

公司先后获得了市级巾帼文明岗、北京市优秀三八红旗集体、北京市双学双比示范单位、全国女大学生创业实践基地、解决农村劳动力就业先进单位、北京创新型农业电商和北京农民喜爱的十大农业电商等荣誉。2017 年度获得农企联牵低收入村先进单位等荣誉称号；2021 年入选"北京优农"品牌目录。

三、产品特点

北京利民恒华农业科技有限公司一直倡导工匠精神，以传承和弘扬中国古典饮食文化为己任，始终坚持遵循老手艺、回归食物的真本味道、远离添加、崇尚手工的企业发展理念，为老百姓的品质生活保驾护航！目前，公司全力打造"皇城货郎"品牌旗下的皇城御酱系列、老手艺主食系列。

四、供应周期

全年。

五、推荐贮藏和食用方法

【贮藏方法】贮藏于阴凉、干燥处，避光保存。

【食用方法】拌面、拌饭、拌菜、夹饼，开盖即食。

六、采购渠道信息

北京利民恒华农业科技有限公司

联系地址：北京市房山区石楼镇襄驸马庄村南二大路西侧

联系 人：张莉华

联系电话：13910164713

登录编号：BJYN-QY-2021028

民以食为天　食以安为先

安以质为本　质以诚为根

一、品牌简介

北京颐景园种植专业合作社成立于2014年，2018年注册"京农颐景园"商标，图标是以两枝树叶为轮廓，中间是由树叶组成的飞鸟图案，京农颐景园的图标设计理念是发掘绿色农业，同时给农业插上绿色的翅膀，让它越飞越高。

北京颐景园种植专业合作社位于北京市房山区大石窝镇北尚乐村，是国家级示范合作社、北京市农产品全程标准化基地、北京市市级生态园区。合作社占地110余亩，有高标准日光温室15栋、钢架大棚75栋。园区作为中国农业大学多种蔬菜优良品种培育基地，主要种植番茄、甜椒、辣椒、黄瓜、茄子、油菜等30余种优质蔬菜及食用玫瑰、樱桃、桃、苹果、梨、红心猕猴桃、葡萄等水果。

二、品牌荣誉

北京市标准化基地、绿控基地、市级生态农场、农业农村部标准化基地、市级全程农产品质量安全标准化示范基地产品、无公害认证、GAP认证、绿色认证、国家级示范合作社；2021年入选"北京优农"品牌目录。

三、产品特点

北京颐景园种植专业合作社通过资源整合，建立了统一生产销售的标准体系，以中国农业大学为技术依托，在房山区种植业技术推广站、植物疫病预防控制中心等单位的帮助下，引进选育适合房山区栽培的抗病、优质、高产、抗逆性强、商品性好、适合市场需求的优良品种20个。在病虫害防控上，园区全面应用防虫网、杀虫灯、性诱剂、黄蓝板、夏季高温闷棚、捕食螨等综合生物防治技术，尽可能减少化学农药使用，并推行无公害生产标准，采用高效节水技术，严格避免产生环境污染源。

四、供应周期

全年。

五、推荐贮藏和食用方法

【贮藏方法】冷藏。

【食用方法】炒、蒸、煮。

六、采购渠道信息

北京颐景园种植专业合作社

联系地址：北京市房山区大石窝镇北尚乐村

联　系　人：王立苹

联系电话：15901331427

◉ 企业品牌——首诚

登录编号：BJYN-QY-2021029

首诚 SUNCHEN   首诚品质　健康中国

一、品牌简介

北京首诚农业发展有限公司成立于 2012 年，是集大田蔬菜种植，仓储物流，高端蔬菜和中草药、药用真菌工厂化培育，农产品加工，现代农业高科技开发与服务于一体的农业产业化重点企业。首诚植物工厂为人工控制生长环境，具有高效、安全、营养、节水节地节人工的优势，曾在 2020—2022 年疫情期间为本地区蔬菜供应做出过重大贡献，并于 2022 年以零农残标准完成北京冬奥会、冬残奥会香料蔬菜的保供任务。首诚田园综合体以 "2+x+y" 模式，将现代高科技农业、营养健康食品加工和航天农业科普文旅三产有机融合，以航天质量标准提供产品和服务，服务 "三农"，引领房山区乡村振兴实践。

二、品牌荣誉

先后获得北京市著名商标、北京市专利试点企业、国家高新技术企业、北京市总工会首都劳动奖状、全国厂务公开民主管理先进单位、北京冬奥会冬残奥会服务保障贡献集体等荣誉。2021 年入选 "北京优农" 品牌目录。

三、产品特点

植物工厂超净蔬菜：产自 2022 年北京冬奥会、冬残奥会零农残标准保供蔬菜的生产车间，具有零农药、零激素、零污染、V_C 含量高、营养元素均衡、口感脆嫩等优点。

四、供应周期

植物工厂超净蔬菜、芽球菊苣供应周期为 35 ～ 40 天；首诚航天蛹虫草片供应周期 15 ～ 20 天。

五、推荐贮藏和食用方法

【贮藏方法】植物工厂超净蔬菜、芽球菊苣为 0 ～ 4℃避光冷藏；首诚航天蛹虫草片为阴凉、避光、干燥处常温保藏。

【食用方法】植物工厂超净蔬菜、芽球菊苣：生食或者炒制、涮火锅；首诚航天蛹虫草片：吞服或者嚼服均可。

六、采购渠道信息

北京首诚农业发展有限公司

联系地址：北京市房山区窦店镇田家园村西房窑路北 500 米

联系人：石立群

联系电话：13910183891

首诚微型植物工厂

登录编号：BJYN-QY-2021030

北京莱恩堡国际酒庄
CHATEAU LION

家是城堡

一、品牌简介

北京莱恩堡国际酒庄占地 1 000 亩，种植面积 600 亩，地处北纬 39° 的酿酒葡萄种植黄金线，有着发展酒庄葡萄酒产业得天独厚的地理优势。酒庄是一家集技术研发、种植、酿造、自主品牌销售、国际品牌代理、文化旅游创新、大型活动承办为一体的大型企业。

酒庄庄主希望以生态为基础、以文化为引领，将传统家庭幸福观——"家是城堡"融入酒庄发展理念，从而构建房山葡萄酒产业产品，将"青山绿水"酿制成"金山银山"，让中国葡萄酒走向世界。

二、品牌荣誉

北京莱恩堡国际酒庄为国家 AAA 级旅游景区；2021 年入选"北京优农"品牌目录。

三、产品特点

以邹福林教授为主力的研发团队，针对北京地区葡萄越冬需要埋土、抗病性差、质量不稳定的缺陷，在酒庄内试验种植 60 多个葡萄品种，从中杂交组合，初步培育出具有抗寒性、抗病性强的新品种，品质均高于法国酿酒葡萄品种。红葡萄品种有 4 大特点：高糖、高酸、高单宁、高色泽；白葡萄品种的特点：高酸、高糖、香气浓郁。二者都具有抗寒、抗病、抗旱、不需要冬埋的

特性，可以大大减少冬埋对葡萄藤蔓的伤害，同时可以节约种植的人力。主要品种是红葡萄品种"莱恩堡王子"和白葡萄品种"莱恩堡公主"。

四、供应周期

全年。

五、推荐贮藏和食用方法

【贮藏方法】一般来说，葡萄酒适宜的温度在 12℃左右。红葡萄酒的适宜温度在 12～19℃，这需要比室温稍低的地方冷藏；白葡萄酒的适宜温度在 8～12℃，一般需要放在冰箱或冷却器中。

【食用方法】红葡萄酒适宜搭配火腿、牛排、羊排等红肉类以及意面等配餐；白葡萄酒适宜搭配海鲜、鸡肉等白肉类配餐。葡萄酒也可以作为烹饪的原料。

六、采购渠道信息

北京莱恩堡国际酒庄

联系地址：北京市房山区长阳镇稻田第一村长周路西侧

联 系 人：田国亮

联系电话：18911794770

◉ 企业品牌——卓宸

登录编号：BJYN-QY-2022008

健康　鲜嫩　好品质

一、品牌简介

北京卓宸畜牧有限公司是集牛羊养殖、育肥屠宰、加工销售为一体的农业产业化国家重点龙头企业、清真食品加工企业、全国民族商品定点生产企业、全国文明单位、北京市高新技术企业，先后荣获北京农业好品牌和中国肉类食品行业最具价值品牌。公司通过了 ISO 9001、ISO 22000 以及 HACCP 体系认证，并且卓宸羊肉通过了绿色食品认证。公司申请发明和实用新型专利 30 项，而且成功成为"全国农产品全程质量控制技术体系（CAQS-GAP）试点"单位，在全国牛、羊畜牧行业排位中名列三甲。"卓宸"排酸牛羊肉采用国际先进的排酸处理技术和现代的牛羊肉分割工艺，产品柔嫩多汁、营养、健康，在高、中端市场中受到广泛认可。

二、品牌荣誉

2023 年被评为农业产业化国家重点龙头企业；2022 年被评为冬奥会、冬残奥会北京市先进集体，以及北京冬奥会、冬残奥会农产品服务保障单位；2022 年入选"北京优农"品牌目录；2021 年被评为中国肉类食品行业最具价值品牌；2020 年被评为中国肉类食品行业牛羊业十强企业；2020 年被评为全国文明单位；2020 年被确定为央联食品保障牛羊肉直采基地。

三、产品特点

公司在生产过程中严格执行食品安全国家标准，并对生产过程的各个环节进行严格的监督管理。目前，主要养殖繁育优良的安格斯、西门塔尔肉牛，肉牛生长快，出肉率高，肉质鲜美、细腻。

四、供应周期

全年。

五、推荐贮藏和食用方法

【贮藏方法】0 ～ 4℃保鲜、−18℃以下冷藏。

【食用方法】烤肉片、煎牛排、涮肉片。

六、采购渠道信息

北京卓宸畜牧有限公司

联系地址：北京市房山区良乡镇侯庄村东

联 系 人：郝江河

联系电话：15811495786

登录编号：BJYN-CP-2021017

一根筋做好粉条　一心一意做好食品安全

一、品牌简介

"京一根"粉条及衍生产品由北京德润通农业科技发展有限公司生产，其生产工厂始建于 2010 年，投资 1.7 亿元，年产量 2 万吨，是北京市重点农业产业化龙头企业，坐落于北京房山区农业产业园，占地 3.6 万平方米，是一座充满老北京文化气息的花园式工厂。如今的"京一根"粉条已开发出马铃薯粉、红薯粉、紫薯粉、绿豆粉等众多产品，但依然秉承精选原料的传统。京一根工厂以一心一意做好食品安全，一根筋地把粉条做好为己任。"京一根"老手艺粉条，传承百年北京老手艺，以"厚德、创新、味道千秋"的价值观，用科技创新实现"零添加，无明矾"工艺，让粉条回归自然与健康。

二、品牌荣誉

"无矾粉条技艺"被授予北京市房山区非物质文化遗产；公司在 2023 年被农业农村部评为农业产业化国家重点龙头企业，2022 年被北京经济和信息化局评为北京市"专精特新"中小企业，以及国家高新技术企业等；2021 年入选"北京优农"品牌目录。

三、产品特点

北京德润通农业科技有限公司主营"京一根"无明矾老手艺粉条系列产品，获得了国家"绿色食品"认证，还与中国农业科学院一道制定了鲜湿粉条行业标准。公司生产的无明矾老手艺粉条，已有 140 多年的历史，是北京市房山区非物质文化遗产。同时，京一根粉条还通过日本食品机能分析研究所 262 项食品检测，以及美国 FDA 认证、美国 HACCP 认证、BRC 与 IFS 两项国际标准认证，是国内粉条产品唯一出口欧盟的免检食品，真正体现了"真金不怕火炼"。现代化的生产厂房，奉行万级尘埃标准，全程无菌化操作，再加上高标准的生产车间、设备和独特的生产技术，确保了"京一根"产品进出口检验的一次性过关。

四、供应周期

全年。

五、推荐贮藏和食用方法

【贮藏方法】置于阴凉干燥处，开袋后需密封冷藏。

【食用方法】开袋沸水冲泡一分钟即食。

六、采购渠道信息

北京德润通农业科技发展有限公司（京一根北京餐饮文化有限公司）

联系地址：北京市房山区北京高校大学生创业园优客工场 8 号楼 80814

联 系 人：白丽荣

联系电话：13521859088

◉ 产品品牌——琦彩鸿

登录编号：BJYN-CP-2021018

柿柿如意

一、品牌简介

"冰柿"是由北京琦彩鸿农业发展有限公司研发的一款全新理念的产品，俗称"柿子冰激凌"，主要特点：0 添加，原生态；保持磨盘柿原有形态、具有浓郁柿子香气，颜色艳丽、清凉爽口；另外，又有事事如意、世代吉祥的美好寓意。

公司成立于 2007 年，主要从事国家地理标志产品"磨盘柿"加工。据明万历年间编修的《房山县志》中记载："柿，为本镜（境）出产之大宗，西北河套沟，西南张坊沟无村不有，售出北京者，房山最居多数，史称磨盘柿"。自明太祖登基时，张坊就已经大规模栽培磨盘柿，明成祖定都北京后，作为贡品年年进奉。

公司建有冷藏、冷冻库 1 500 平方米，可贮藏 2 000 多吨柿子，600 多平方米的无菌加工车间，100 多平方米的实验室及与之相配套的检测室，可实现年加工柿子 3 000 多吨。

二、品牌荣誉

2022 年被评为北京市十大特色美食伴手礼；2021 年入选"北京优农"品牌目录。

三、产品特点

"琦彩鸿"产品种源正是来自已有 600 多年栽培历史的中国磨盘柿之乡——张坊镇，琦彩鸿冰柿原料全部来自公司的磨盘柿种植园区，并以标准化高科技生产工艺控制基地种植、生产、加工、仓储、销售于一体的大型生产加工企业，以现代化的管理技术，从源头塑造房山区"张坊磨盘柿"的生态品牌。"琦彩鸿"出品的每一个柿子产品的原料都来自工作人员用辛勤汗水精心手选。

四、供应周期

全年。

五、推荐贮藏和食用方法

【贮藏方法】-18℃冷冻存放，全年都可食用。

【食用方法】打开精巧塑料盒，小勺子镶嵌于盖子顶端，尝一口，沙沙面面、冰爽蜜甜、有浓郁柿子香味。

六、采购渠道信息

北京琦彩鸿农业发展有限公司

联系地址：北京市房山区良乡安庄村安南小区西侧

联 系 人：郭东梅

联系电话：13683068190

源头把关 生态养殖 品控溯源
严格检疫共享安全

一、品牌简介

北京窦店益生清真肉业有限公司于 1985 年成立，历经 30 多年的不断创新发展，逐步形成了集养殖、屠宰、加工、销售为一体的现代化农业产业园。公司占地面积 2 万平方米，设有容积 1 000 吨的冷库，2 500 平方米的屠宰车间、排酸车间、分割车间、内脏加工车间，年屠宰量实现肉牛 2 万头、羊 10 万只。公司依托窦店村农业现代产业园政策优势，建成 6.5 万平方米肉牛养殖基地，目前存栏优质品种肉牛 4 000 余头。公司始终将食品安全作为企业生存和发展的根本，坚持做安全卫生的良心企业，从养殖到餐桌，每一环节都经过严格把控，确保所有牛羊肉产品优质安全，让广大消费者吃得放心、吃得安心、吃得健康，并以"日日新、生生益"为品牌定位，产品特色以"新鲜、安全、高品质"为重点，打造国产原切安全牛肉品牌。

二、品牌荣誉

2021 年被评为北京市农业产业化重点龙头企业，并入选"北京优农"品牌目录；2020 年被认定为北京市农业标准化示范基地。

三、产品特点

公司联合中国农业大学、中国农业科学院和北京农学院等在京高校和科研单位，开展"京南红牛"新品种的联合育种工作，推出具有技术优势明显、性能最优的首都特色肉牛新品种。公司按照种养结合、循环利用的理念，以养殖场为中心，以小麦玉米种植、青储饲料加工、有机肥转化为纽带，形成区域内循环可持续发展的全产业链。

四、供应周期

全年。

五、推荐贮藏和食用方法

【贮藏方法】−18℃冷冻贮存。

【食用方法】煎、涮、炒、做汤。

六、采购渠道信息

1. 窦店益生工厂店

联系地址：北京市房山区窦店镇窦店村南 107 国道旁

联 系 人：张国伟　联系方式：18610300811

2. 窦店益生牛街直营店

联系地址：北京市西城区牛街动力 2 区北 2 门东 50 米

联 系 人：马　钢　联系方式：13520178950

◉ 产品品牌——蜓好

登录编号：BJYN-CP-2021020

蜓好　就是挺好

一、品牌简介

北京蜓好农业科技有限公司成立于 2017 年，位于房山区大石窝镇西南。公司在传统种植的基础上，注重向精品化、高端化、品牌化发展，特别是在水果番茄种植上，选用高端品种，施用有机肥，倡导施用有机肥减少化学肥料和化学农药投入，保障农产品安全，实行全程绿色防控，达到番茄高品质、高口感。

二、品牌荣誉

2023 年获得京津冀番茄擂台大赛中型果三等奖；2021 年入选"北京优农"品牌目录。

三、产品特点

蜓好水果番茄口味独特，自然生长不使用膨大剂，也没有催熟剂，比普通番茄小，但口感出众，皮脆肉甜汁儿微酸，番茄味道浓郁。产品的商标品牌效益不断提升，于 2021 年产品品牌——"蜓好"被"北京优农"品牌目录收录，进而促进了公司在生产、

销售环节的统一规范化管理，实现了农产品投入品可控和农产品订单销售，形成了产销一体化模式，并与多家电商平台合作，鲜食水果番茄日销量在 1 000 千克左右，且价格高于市场 15%，价格不受市场波动的影响，在推广阶段受到市民广泛好评，并参加 2023 年京津冀番茄擂台大赛，于 170 多家鲜食水果番茄企业中脱颖而出，荣获中型果三等奖。

四、供应周期

全年。

五、推荐贮藏和食用方法

【贮藏方法】常温或冷藏。

【食用方法】鲜食、凉拌、炒菜等。

六、采购渠道信息

北京蜓好农业科技有限公司

联系地址：北京市房山区大石窝镇南河村

联 系 人：丁杰歆

联系电话：13161995572

登录编号：BJYN-CP-2022006

蘑菇让人类更健康

一、品牌简介

北京永长福生物科技有限公司占地 75 余亩，解决当地劳动力 150 余人，是北京市农业产业化重点龙头企业。园区总投资 5 000 万元，是一个集食用菌工厂化种植、菌棒制作和食用菌菌种研发为一体的高科技食用菌生态产业园。目前，园区年产杏鲍菇、鹿茸菇约 8 000 吨，公司的"品品鲜"牌食用菌在北京约占 30% 的市场份额。

二、品牌荣誉

2022 年入选"北京优农"品牌目录；2021 年荣获由中国绿色食品发展中心颁发的绿色食品证书；2013 年荣获北京市"菜篮子"工程优级标准化生产基地；2010 年荣获由房山区委和区政府颁发的农村劳动力就业安置先进单位证书。

三、产品特点

生产种植采用大量农作物的副产品，如大豆秸秆、玉米芯颗粒、小麦秸秆等做培养基。在节约资源的同时，又能保护环境。产品特点是无污染、无添加、无农药、无激素。

四、供应周期

全年。

五、推荐贮藏和食用方法

【贮藏方法】冰箱冷藏。

【食用方法】炒着吃、涮火锅、油炸、做馅料包包子等。

六、采购渠道信息

北京永长福生物科技有限公司

联系地址：北京市房山区大石窝镇辛庄村南 3 号

联 系 人：韩宝霜

联系电话：13581500285

通州区
（5个）

登录编号：BJYN-QY-2021018

聚世界一流农业人才
建国际优秀推广平台

一、品牌简介

"中农富通"品牌创建于 2008 年，商标注册于 2009 年，LOGO 中的红色象征红红火火、燃烧般的活力，土金色象征植根国土、立足大农业的发展愿景，FT 字母变形是"富通"品牌概念的浓缩，彰显财富、富强、通达、通顺、变通，地球的抽象表达蕴含立

足北京、辐射全国、面向世界的战略目标，平整宽广变形字幕上边缘象征大农业领域平台。拥有富通大潮来、运蔬香、中农大潮来、潞鲜荟等品牌商标。

二、品牌荣誉

2023 年获得北京市共铸诚信企业称号；2022 年获得北京市专精特新中小企业、北京市设计创新中心、国家级生态农场等称号；2021 年获得农业产业化国家重点龙头企业、北京市扶贫协作先进集体称号，并入选"北京优农"品牌目录；2020 年获得国家现代农业科技示范展示基地、全国优秀农民田间学校等称号。

三、产品特点

一是引进培育新品种优化绿色生产体系。园区每年展示生产蔬菜新品种 200 个以上，包括黄瓜、番茄、辣椒、茄子、南瓜、西葫芦、油菜、大白菜等多品种。二是育好苗助力蔬菜产业提质增效。公司基地建设集环境调控智能化、管理过程可视化、运营体系数字化、肥水一体化于一体的现代化、集约化的育苗场近 4 000 平方米。

四、供应周期

全年。

五、推荐贮藏和食用方法

【贮藏方法】新鲜采摘的果蔬通常采用常温保存、密封袋保存和冷藏保鲜三种方法进行贮藏。

【食用方法】鲜食。

六、采购渠道信息

北京中农富通园艺有限公司

联系地址：北京市通州区潞城镇贾后疃村西北京国际都市农业科技园

联系人：高　敏；张伟亮

联系电话：15801084882；15810886157

◉ 企业品牌——聚牧源

登录编号：BJYN-QY-2021019

美好生活同行者

一、品牌简介

聚牧源农业专业合作社基地坐落于北京市通州区漷县镇吴营村，紧邻京哈高速漷县出入口，位置优越，交通便利；毗邻通州运河水系，水源充足，风光旖旎。基地占地面积 80 余亩，实现全覆盖种植。

合作社秉承"美好生活同行者"的建社理念，致力于把安全、优质的农产品，以及厚重的农耕文化、积淀的非遗文化，提供给广大市民朋友。合作社的无公害果蔬种植区，安全可口的果蔬可常年采摘；合作社的农耕文化科普区、农事体验区，除了满足中小学校社会实践大课堂课程，同时也可接待企业团建、农疗、家庭亲子等活动；合作社的非遗手编培训，简单易学，可以亲手体验非遗手编文化，把自己编织的产品带回家，感受非遗文化的魅力。

聚牧源一直是您美好生活路上的同行者。在这里让您放慢脚步，细细感受自然的魅力，体会生活中的美好。

二、品牌荣誉

2023 年 4 月，聚牧源与京东集团深度合作，打造无人机科技课程，将无人机科技基因注入合作社。2022 年，聚牧源的"聚牧源伴手礼"在京华乡韵伴手礼评选中获奖；同年，园区获评"通州区科普基地""通州区中小学生社会大课堂资源单位"。2021 年，园区获评"通州区农村实用人才实训示范基地""国家三星级休闲农业园区"等荣誉。

三、产品特点

合作社在所有农副产品品种选育方面，从感官、口感、营养价值上选用优质品种。从育苗定植，到日常管理，再到采摘收获全程实现标准化生产，水果蔬菜符合无公害生产要求，部分品种获得有机认证，部分产品较同类产品有一定的差异化和独特性，服务固定的小众市场。

四、供应周期

全年。

五、推荐贮藏和食用方法

【贮藏方法】保鲜贮存。

【食用方法】生食，烹饪，蒸煮。

六、采购渠道信息

北京聚牧源农业专业合作社

联系地址：北京市通州区漷县镇吴营村

联系人：许 月

联系电话：13911250177

登录编号：BJYN-QY-2022012

生态自然，绿色健康！

一、品牌简介

春夏秋冬，一年有四季，而"第五季"是用科技手段和超大拓展空间，创造的一个新的季节，四季之后又延伸了一个季节——百亩联栋台湾热带水果园在寒冷的冬季，依然果满花香、春意盎然，因此，叫"第五季"；中国人是龙的传人，第五季园区的集雨水系工程，全年收集天上的龙水（雨水）；园区位于美丽的凤港减河南岸。因此，商标由龙的图案和"第五季龙水凤港"组成，寓意龙的传人和龙水、凤港河滋润的第五季必将风调雨顺、蓬勃发展。

二、品牌荣誉

2022 年入选"北京优农"品牌目录；2021 年被授予北京市知识产权试点单位；2020 年被认定为高新技术企业、全国醉美休闲农庄。

三、产品特点

树熟香蕉：在第五季台湾热带水果园内生长，自然成熟的果实。其香味浓郁，香甜适口，营养丰富，北方当地极少产出。

水果鱼：产自第五季生态农场大湖中，不喂饲料，吃掉落的水果和浮游生物长大，为第五季农场特有产品。由于自然生长周期较长，所以鳞片金黄，形似柳叶，脂肪较少，肉质细嫩、口感好，无土腥味。

北京油鸡蛋：为本农场山体林下散养北京油鸡蛋。北京油鸡采用完全散养模式，不喂含有添加剂和抗生素的饲料，鸡蛋的纯正绿色无抗，保证了食品安全。蛋黄大，颜色鲜亮自然，无药残，口感鲜香，营养丰富。

四、供应周期

全年。

五、推荐贮藏和食用方法

【贮藏方法】阴凉、通风、干燥处。

【食用方法】鲜食。

六、采购渠道信息

第五季龙水凤港生态农场

联系地址：北京市通州区于家务乡大耕垡村东

联 系 人：王国发

联系电话：13901217194；80525299

⊙ 企业品牌——绿蜻蜓

登录编号：BJYN-QY-2022013

 **®**

绿蜻蜓市民农场　让消费者放心 让生产者安心

一、品牌简介

北京绿蜻蜓特色果蔬产销专业合作社（简称绿蜻蜓合作社）是国家级示范合作社，坐落于北京市通州区漷县镇吴营村。2014 年 11 月在通州区工商局登记注册，社员遍布全国各地。

随着乡村振兴战略的实施，农产品品牌的发展已经成为乡村产业振兴中不可忽视的重要组成部分。绿蜻蜓合作社坚持身体力行，带头组织农户从事无公害以上标准的蔬菜、果品、水稻、杂粮、茶叶等生产。在运营模式上采用"前店后园"的空间布局，遵循"以园养店，以店促园"的发展思路，从而更好地带动区域经济发展。

绿蜻蜓合作社注册有"绿蜻蜓市民农场""蜻蜓精良""山农逸家"商标，拥有无公害证书、有机证书和食品经营许可证，并自建网站开设旗舰店、微店等。此外，每年为社员提供技术培训 30 余次，社员平均增收 3 000 ～ 5 000 元。

二、品牌荣誉

2022 年入选"北京优农"品牌目录；2021 年获得"2021 中国农民合作社 500 强"、北京市农民专业合作社联合会"四星级会员"、国家农民合作社示范社等称号；2020 年获得北京市人力资源和社区保障局评定的"北京市扶贫协作奖·社会责任奖"。

三、产品特点

绿蜻蜓玉米：每天享受阳光雨露的玉米，本着全程 0 化肥、0 农药、0 除草剂、0 催生长剂，天然有机种植，无激素，天然高叶酸，软糯香甜。

四、供应周期

全年。

五、推荐贮藏和食用方法

【贮藏方法】冷藏、煮熟贮藏、烤熟、烤熟冷冻贮藏。

【食用方法】烧烤玉米，蒸、水煮，炖汤。

六、采购渠道信息

北京绿蜻蜓特色果蔬产销专业合作社

联系地址：北京市通州区漷县镇吴营村

联 系 人：刘　红

联系电话：13401181296

登录编号：BJYN-CP-2022011

民以食为天　食以安为源
坚持坚守农人心　力创百年生态园

一、品牌简介

后元化生态园于 2015 年在通州区潞县镇后元化村建园，园区占地面积约 160 亩，包含 6 万平方米采摘大棚和近 2 000 平方米休闲活动场地。园区种植果蔬数十种，含多种南方和特色果品。多年来，后元化生态园对本地水土进行研究，秉承"民以食为天，食以安为源"的服务使命，以"精挑细选、健康安全，以人为本、不忘初心"为理念，坚持古法农耕有机标准种植，园区各种作物长势良好，年总产量近千吨，可实现月月都是采摘季，全年可提供优质农产品及农耕体验活动。

二、品牌荣誉

2022 年入选"北京优农"品牌目录；2021 年荣获第三届京津冀鲜食番茄擂台赛优秀奖、首届京津冀鲜食黄瓜擂台赛优秀奖、市优级标准化基地；2020 年被认定为通州区农村实用人才实训示范基地。

三、产品特点

后元化生态园果蔬产品主打有机无污染，不使用杀虫剂、除草剂、化肥、激素以及各种不明成分的调节添加剂，所有农作物均按照自然规律和周期成长。产品包括甜瓜、番茄、油桃、长果桑、大黑桑葚、灯笼果、荠菜、香菜、小蜜蜂葡萄、火龙果等。园区多年来开发"南果北种"，目前许多热带水果都已在园内种植。

四、供应周期

全年。

五、推荐贮藏和食用方法

【贮藏方法】冷藏或 0℃左右保鲜。

【食用方法】果品鲜食或榨汁，蔬菜鲜食、蒸、煮、炒、涮。

六、采购渠道信息

北京洪信利友商贸有限公司（后元化生态园）

联系地址：北京市通州区潞县镇后元化村东

联 系 人：杨　洋　联系电话：13701323916

顺义区
（30个）

顺鑫控股
SHUNXIN HOLDINGS

以食为先
Food Safety First

顺民义
农品
Shun Min Yi Agriculture

硒全食美

兴农鼎力
XING NONG DING LI
崇尚土壤

YSH 永顺华

华顺源

顺鑫鑫源
shunxinxinyuan

双河

北郎中

purelife
纯然生态科技

分享收获
SHARED HARVEST

地之源
地源遂航农庄
恪守自然·厚地为源

恒慧
HERE·V

木林绿富农

沿特
YANTE

鹏程
PENG CHENG

顺丽鑫
SHUNLIXIN

sFL
硕丰磊

益婷
Straw Hat Garden
草帽公社

VETERAN FARM
老兵农场

蒋家河边农业合作社
JIANGJIABIAN AGRICULTURAL COOPERATIVES

福来芽

龙湾巧嫂
Long Wan Qiao Sao

Ophéburg
欧菲伯格

掌鲜

小店

登录编号：BJYN-QY-2021039

您为梦想努力　我们努力为您

一、品牌简介

北京顺鑫控股集团有限公司（以下简称"顺鑫控股"）是一家集白酒、肉食、农品、智慧产业和综合板块于一体的投资控股型产业集团，主要业务涵盖白酒、肉食品（猪肉、牛羊肉、禽肉）、农产品流通、种业、智慧农业、农产品贸易、饮料和建筑施工等。旗下北京顺鑫农业股份有限公司（以下简称"顺鑫农业"）是北京市第一家农业类上市公司，股票代码000860。

顺鑫控股自成立以来，始终秉承"源自顺鑫，一诺千金"的核心价值观，坚持"食品安全第一责任人"的民生理念，立足首都发展和农业现代化。现拥有6件中国驰名商标、9件省级著名商标、1件国家级非物质文化遗产，是国内拥有驰、著名商标最多的企业之一。

二、品牌荣誉

顺鑫控股已连续多年荣获"农业产业化国家重点龙头企业"称号；"顺鑫""顺鑫农业"品牌入选2021年、2022年"中国品牌500强"；"顺鑫农业"荣获"2021年中国上市公司品牌价值榜"之"活力榜Top100"称号；入选2021中国ESG优秀企业500强榜单和第七届中国最受消费者信赖食品企业百强榜；2021年入选"北京优农"品牌目录。

三、产品特点

白酒：旗下的牛栏山酒厂是北京地区保持自主酿造规模最大的白酒企业，产品以清香型白酒为主，纯粮酿造，口感绵柔，是中国"民酒"的典型代表。

肉食：旗下的鹏程食品集"种猪繁育—生猪养殖—屠宰加工—肉制品深加工—仓储物流"于一体的完整产业链条，主要供应生鲜和熟食肉食品。

种业：专注于玉米、小麦等品种研发与销售，拥有20余个自有品种，其甘肃张掖种子加工厂年生产加工能力2.25万吨。

饮料：旗下的顺鑫牵手拥有多条达到国际先进水平的饮料加工生产线，可生产果蔬汁、果汁、咖啡、茶饮料等多种系列、多种规格的产品。

四、供应周期

全年。

五、推荐贮藏和食用方法

【贮藏方法】根据产品特点贮藏。

【食用方法】产品包装上附详细说明。

六、采购渠道信息

北京顺鑫控股集团有限公司

联系地址：北京市顺义区站前街1号院1号楼11层

联 系 人：何海鹏

联系电话：010-81499848

◎ 企业品牌——食为先

登录编号：BJYN-QY-2021040

民以食为天　食以安为先

一、品牌简介

本着"安全、风味、健康"的创业宗旨，秉承产地环境优良、产品品质独特的经营方针，北京食为先生态农业园有限责任公司于 2014 年成立。"食为先"代表着：民以食为天、食以安为先，品牌的发展初衷以人为本，以食为根，体现了"民以食为天，食以安为先"的大道至简的理念所在。"食"字由两部分组成，一个"人"字，一个"良"字，说明一个有良心的人才能把食品和饮食相关的事做好，代表的是企业以提供安全、健康食材为最基本出发点，做良心企业，暗含对企业产品品质和信誉的最高级别的肯定。

经过近 8 年多的探索实践，公司已发展成为一家以"有机"为核心，以"生态"为理念的新时代"农业＋物联网＋互联网"的农业企业，集果蔬种植、采摘、农产品生产销售、共享农田、休闲度假、参观体验、社会参与为一体。

二、品牌荣誉

公司于 2022 年被评为国家高新技术企业、北京市优级农业标准化基地、农业科技示范基地。其蔬菜、水果产品在 2023 年度"京津冀鲜食番茄 & 黄瓜擂台赛"华北密刺型荣获三等奖和最受市民欢迎奖（老北京刺瓜）；2021 年度荣获"京津冀鲜食黄瓜擂台赛"水果黄瓜型荣获一等奖（玉甜黄瓜），并入选"北京优农"品牌目录；2020 年度在"京津冀鲜食番茄擂台赛"中果型组荣获优秀奖等。其茯茶荣获第 7 届中国（深圳）国际茶产业博览会黑茶组金奖。

三、产品特点

种植过程采取标准化生产，全程遵循 6S 种植原则。

主要品种为老北京口味蔬菜，如核桃纹白菜、心里美萝卜、柿饼冬瓜等。

其中水果番茄：风味突出，汁浓酸甜；水果黄瓜：为高档水果型黄瓜，皮薄清爽脆甜，口感极佳。

四、供应周期

全年。

五、推荐贮藏和食用方法

【贮藏方法】常温或者冷藏贮存。

【食用方法】鲜食。

六、采购渠道信息

北京食为先生态农业园有限责任公司

联系地址：北京市顺义区北石槽镇刘各庄村四街 29 号

联 系 人：邬春芳

联系电话：18516886236；4006867807

登录编号 BJYN-QY-2021041

以农惠民、做利于民义的农产品

一、品牌简介

北京通顺康泰农业有限公司建于 2008 年，坐落在顺义区大孙各庄镇赵家峪村西养殖一街 1 号，占地面积 9.24 亩，设计规模 10 万羽，主要饲养北京油鸡。公司名下有"顺民义"品牌一个；与淘宝、京东平台合作建设的官方旗舰店，直接为客户提供高品质禽产品。品牌理念及释义：公司位于北京市顺义区，以农惠民、做有利于民意的农产品。

经营理念：诚实为人，科学生产，严把质量关，生产出安全合格的鸡苗、商品蛋，以保证老百姓的食品安全，并为百姓菜篮子做出贡献。

二、品牌荣誉

2021 年入选"北京优农"品牌目录；2019 年被列入北京市民生保供企业。

三、产品特点

油鸡蛋中卵磷脂含量比普通鸡蛋高 30%～40%，更营养，更健康。普通的蛋鸡每天能产一个蛋，而北京油鸡要三天左右才产一个蛋！北京油鸡蛋做过 15 项抗生素和 5 项重金属检测，沙门氏菌和大肠杆菌均未检出，鸡蛋可以达到生食标准！

公司现有存栏北京油鸡 30 000 羽，每年向市场供应 293 吨北京油鸡鲜蛋，出栏商品北京油鸡 20 000 羽。为了鲜蛋质量，及时检验，及时送到市场，并按国家规定，使用合格的疫苗和药品、禁止添加违禁药品和添加剂。此外，聘用 3 名兽医、养殖专家作为强大的技术后盾，指导养殖场的防疫工作，以保证鸡群正常生产。企业设施完善，设备先进，生产管理科学规范，工人经技术培训上岗，并依靠技术与实践相结合来强化企业管理。

四、供应周期

全年。

五、推荐贮藏和食用方法

【贮藏方法】冷藏。

【食用方法】煮、煎、生吃等。

六、采购渠道信息

北京通顺康泰农业有限公司

地址：北京市顺义区大孙各庄镇赵家峪村西养殖一街 1 号

联 系 人：邵洪波

联系电话：13910628456

企业品牌——硒全食美

登录编号：BJYN-QY-2021042

我们更专注品质！

一、品牌简介

"硒全食美"的标志设计外形以"太阳"为基础，象征"硒全食美"是阳光下的健康产业；凤凰代表鸽子，因本草纲目中记载：鸽羽色众多唯白色入药，鸽故名白凤，表明"硒全食美"是以"富硒鸽"为主打的生态绿色鸽品牌；飞翔的凤凰体现的是"健康向上"的品牌理念，寓意"硒全食美"产品飞进亿万家庭，给广大人民带来健康和高品质的美好生活。

旋转并散发出光芒的"太阳"、闪耀的"星星"、祥瑞的"云彩"、飞翔的"凤凰"组合成的标志图案，迸发出一种激情四射的健康与欢乐的氛围。"灰色"象征权威、智慧、诚实；"绿色"表达产品自然、健康、绿色。"三颗星"表示"一生二、二生三、三生万物"的生态循环可持续发展目标。

二、品牌荣誉

2021 年入选"北京优农"品牌目录、北京市乡村特色美食；2017 年荣获第十五届中国国际农产品交易会金奖产品。

三、产品特点

经过八年培育，公司成功培育出我国第一个自主知识产权肉鸽原种新品种，采用群体继代选育法，显著提高了各品种（品系）的性能。其产品主要包括各类高品质、纯种、健康的鸽子和鸽子养殖用品，如鸽蛋、鸽粮、鸽笼等。其中的鸽子品种丰富，有竞赛鸽、肉鸽、笼鸽等。这些鸽子由专业养殖户饲养，并依托公司产品生产加工溯源监管系统，通过使用溯源系统的产品身份证、管理功能，逐步建成统一监管、统一认证、统一规范的农产品监管体系，保证了其品质和信誉。鸽肉的蛋白质含量高，脂肪含量低，尤其是乳鸽，肉质鲜嫩，无论怎样烹饪，口感都很好。鸽肉对人身体益处很多，是首个被"国家绿色食品发展中心"评为绿色食品的禽类。

四、供应周期

全年。

五、推荐贮藏和食用方法

【贮藏方法】鸽肉：-18℃冷冻贮藏；鸽蛋：0 ～ 8℃冷藏保存。

【食用方法】炒、炖、卤，煮鸽蛋要冷水下锅，开锅后关火闷 8 分钟最佳。

六、采购渠道信息

北京优帝鸽业有限公司

联系地址：北京市顺义区大孙各庄镇野谷生态科技园

联系人：孙 鸿

联系电话：13901365851

登录编号：BJYN-QY-2021043

企业品牌——兴农鼎力

崇尚土壤
感受好品质好口感好新鲜的美味

一、品牌简介

"兴农鼎力"品牌是合作社对外进行销售的主打品牌。"兴农鼎力"品牌坚持强调"高品质""安全"和"新鲜"等特征，树立起了良好的形象与口碑。依托品牌效应，紧抓"互联网+"的良好机遇，与春播科技有限公司进行合作，依靠其宣传销售平台，使兴农鼎力品牌逐渐走进市民生活，获得市民信赖，使合作社品牌知名度与信赖度得到提升。此外，合作社高度重视和培养品牌建设人才，为企业自身文化建设和产品品牌建设充实力量。合作社专设了蔬果配送专用车辆和团队服务人员，通过品牌管理培训，使团队人员了解了农产品品牌建设，并注重品牌形象打造，从而提升了品牌价值。

二、品牌荣誉

2023年被评选为"北京市生态农场"，并在京津冀鲜食番茄黄瓜擂台赛中荣获"擂主奖"；2021年被评选为"北京市休闲农业星级园区"，并入选"北京优农"品牌目录。

三、产品特点

"兴农鼎力"品牌根据市场需求，以"新鲜、安全、放心"为核心理念，努力提升农产品质量。合作社引进新品种、新技术，采取减少化肥增施有机肥、有机肥深施、雨水收集、蔬菜废弃物回收处理及沼气发酵等一系列措施，提升农产品品质，大力发展"三品一标"农产品，目前有50多个蔬菜品种获得农产品有机或无公害认证。

四、供应周期

全年。

五、推荐贮藏和食用方法

【贮藏方法】保鲜冷藏。

【食用方法】即食或烹炒后食用。

六、采购渠道信息

北京兴农鼎力种植专业合作社

联系地址：北京市顺义区赵全营镇前桑园村

联 系 人：谢朝顺

联系电话：13291343333

企业品牌——永顺华

登录编号：BJYN-QY-2021044

以人为本 诚信务实
守信经营 精心生产

一、品牌简介

北京永顺华蔬菜种植有限公司成立于 2001 年，注册资本 200 万元，位于北京市顺义区北务镇闫家渠村南，总占地 60 000 平方米，建有日光温室 43 栋，基地东西两侧均为生产区域，种植有茄果类、瓜类、叶菜类、根茎类、葱蒜类、豆类等合计 100 多个品种。公司有高级农艺师 8 人、农艺师 15 人，是一家从事有机蔬菜生产、加工、配送及销售为一体的民营企业。

公司采用"公司＋基地＋农户"的经营模式，坚持"以人为本、诚信务实"的经营管理理念，经过十余年的努力，现已成为顺义区农业产销一体化重点企业。目前，公司产品在华联、京客隆等多家连锁超市设立了专柜，形成了一定的品质优势和品牌优势，年销售额实现稳步增长。

二、品牌荣誉

2022 年度荣获"北京市生态农场"；2021 年度荣获"北京市休闲农业星级园区"三星级，并入选"北京优农"品牌目录。

三、产品特点

该公司 2001 年起连续通过有机产品认证及无公害农产品认证，拥有有机蔬菜基地 60 000 平方米，日光温室 43 栋。种植的茄子、番茄、黄瓜等有机蔬菜品种达 80 余种，在茄果类、芽苗菜、叶菜、根茎类、豆类蔬菜等方面有着丰富的种植经验。主要新品种包括优拉早 1 号、甜番贝、甜脆脆、多可 5 号、猕猴桃番茄、航粉 5 号、航粉高糖、玉妮 1 号、玉甜 156、白精灵等。此外，该公司在生产范围内统一安排早、中、晚熟品种，制定统一的生产标准，严格按照有机标准生产，建立蔬菜生产田间记录制度，确保蔬菜产品质量安全，并符合统一的技术要求。

四、供应周期

全年。

五、推荐贮藏和食用方法

【贮藏方法】冷藏保鲜。

【食用方法】鲜食。

六、采购渠道信息

北京永顺华蔬菜种植有限公司

联系地址：北京市顺义区北务镇闫家渠村南

联 系 人：张 瑛

联系电话：13701069525

小豆芽　大民生

一、品牌简介

北京顺鑫华顺源农业科技发展有限公司成立于 2015 年，位于北京市顺义区龙湾屯镇，注册资金 800 万元，厂区占地 21 亩，年均产量约 23 000 吨，拥有员工 70 余人，主要经营黄豆芽、绿豆芽、豆嘴等，从事豆芽产品的生产和销售。公司秉承"小豆芽·大民生"的经营理念，采用现代化、机械化设备，生产工艺全程由电脑控制，实现了豆芽生产的产业革命，填补了国内空白，致力于打造绿色无公害豆芽品牌。

二、品牌荣誉

2021 年入选"北京优农"品牌目录；获得环境体系认证、食品安全管理体系认证、职业健康安全体系认证、质量管理体系认证；2016 年中央电视台农业节目依据"小豆芽　大民生"的概念，特来公司取景拍摄，向老百姓展示豆芽工厂化生产的奥秘，并在全国范围报道宣传；2018 年 1 月小豆芽登陆北京卫视"生活一点通"节目，节目从营养价值到生产工艺，从车间到厂房，全程进行拍摄宣传，让无公害豆芽走进北京老百姓的餐桌。

三、产品特点

厂区采用无菌孵化车间，抽取深层地下水，并经过大型水净化系统处理。生产工艺全程由电脑控制，实现了豆芽产业的革命，填补了国内空白。公司采用先进 sap 进销存管理系统，从原材料购进、生产、销售全程记录，建立"食品安全可追溯"系统。精选豆源：从豆品源头把控，公司原材料采用内蒙古通辽、黑龙江地区优选豆种；优质水源：与国家地质勘探队合作，精心挑选打井位置，吸取深层地下水；现代化生产：引进现代化的设备，通过现代化、标准化的管理，保证健康成长的每一根豆芽都是"优等生"；保鲜配送：建立仓储、运输保鲜系统，从仓储到配送，严格控制温度，保证豆芽从长成到放入百姓餐桌的原汁原味。

四、供应周期

全年。

五、推荐贮藏和食用方法

【贮藏方法】豆芽常温贮藏一天，冷藏贮藏两天。

【食用方法】辣炒黄豆芽、炒豆芽菜、排骨豆芽菜汤、春饼卷豆芽、水煮鱼片配菜等。

六、采购渠道信息

北京顺鑫华顺源农业科技发展有限公司

联系地址：北京市顺义区龙湾屯镇七连庄村中学路 22 号

联系人：王　平

联系电话：18810708683

企业品牌——顺鑫鑫源

登录编号：BJYN-QY-2021046

国企品质　奥运标准

一、品牌简介

北京顺鑫鑫源食品集团有限公司（以下简称"顺鑫鑫源"）成立于 2015 年，是北京顺鑫控股集团有限公司旗下的二级产业集团。顺鑫鑫源在世界天然黄金牧场带的锡林郭勒盟大草原，拥有集养殖技术输出、种畜繁育、屠宰分割为一体的养殖和加工基地，是国内具有屠宰加工能力的全产业链国有肉食品企业集团。

顺鑫鑫源通过不断巩固顶层设计，依托 ISO 质量、食品安全、环境、职业健康等四大管理体系，从种牛培育、牛只饲养、屠宰加工、检验检疫、精细分割、低温冷却、冷链运输等全流程入手，对食品安全和产品质量进行严格把控，构建全程可追溯的食品安全管理体系。

未来，顺鑫鑫源将以实施乡村振兴战略为引领，积极发挥国企势能，不断促进国内畜牧业和肉食品高质量发展。

二、品牌荣誉

顺鑫鑫源作为国有企业，积极履行社会责任，彰显国企担当。先后圆满完成 2019 北京世园会、2022 年北京冬奥会、全国"两会"、北京市党代会、二十大等各类重要会议与重要活动牛羊肉供应保障任务。顺鑫鑫源始终秉承"专于品，精于心，利于民"的经营理念，努力让"国企品质，冬奥标准"的好牛肉走进千家万户，为强健国人体魄贡献力量。

三、产品特点

肉牛养殖：公司养殖基地位于内蒙古锡林郭勒盟正蓝旗，周边配套有 1.1 万亩草场和 5 000 亩的青贮种植地。养殖厂区占地 2 200 亩，建有标准化养殖棚圈 3.9 万平方米，可一次性存栏肉牛 8 000 头。屠宰分割：拥有国际标准的现代化肉牛屠宰加工生产线及冷库设施，全程采用恒低温、密闭式、无污染的流水线作业方式；检验检疫：设立宰前检疫、宰后检疫、血清检测、寄生虫检验等数十项检测；仓储物流：在京拥有 1 000 平方米冷藏库和保鲜库，具备冷藏仓储与配送能力，并与顺丰速运、京东物流等均有合作。

四、供应周期

全年。

五、推荐贮藏和食用方法

【贮藏方法】0 ～ 4℃或者 -18℃冷藏。

【食用方法】烹炒煎炖等。

六、采购渠道信息

北京顺鑫鑫源食品集团有限公司

联系地址：北京市顺义区后沙峪镇安平街 3 号 3 幢 1-2 层

联 系 人：陈明月

联系电话：13301331205

企业品牌——鑫双河 ◉

果品万千　双河领先

一、品牌简介

北京市双河果园成立于 1999 年，属集体所有制企业。果园位于顺义区南彩镇河北村，毗邻首都国际机场，交通便利。"双河"之名源于果园南靠潮白河、东临箭杆河，园内空气清新，水质甘甜，土壤肥沃，是种植果树的优良之选。目前，双河果园是北京市果品标准化生产基地、北京市民观光采摘指定果园、北京市食用农产品安全生产基地及顺义区大型农业龙头企业，种植有樱桃、葡萄、油桃、苹果、甜杏等十多个"形奇、色美、味香"的独特优质品种。

二、品牌荣誉

2021 年入选"北京优农"品牌目录。果园生产的果品全部达到国家食品安全标准，并获得中国质量认证中心颁发的有机产品认证证书，完成 ISO 9001 产品质量和 ISO 14001 环境质量国际认证，是"北京市十佳观光果园""北京市农业标准化生产示范基地""北京名优果品出口基地""先进农业标准化生产基地""北京市观光农业示范园"和"全国休闲农业与乡村旅游四星级企业"。

三、产品特点

果园占地面积 1 000 亩，主要种植和销售各类水果，种植有樱桃、杏、李、桃、西瓜、苹果、梨、草莓、无花果九大类的水果，鲜果供应遍及全年 12 个月，极大程度地利用和发挥了果园的资源优势。为了保证产出的农产品能达到无公害化标准，园区制定了严格的管理措施，如《基地规章制度》《基地生产管理制度》《会计职责》《人员和培训管理办法》《无公害农产品质量控制措施》等。依照无公害生产技术规程要求，基地确定了高效栽培措施，并对农药、肥料等生产投入品按照区农业部门制定的技术规程和有关规定要求进行监督管理。

四、供应周期

5—10 月。

五、推荐贮藏和食用方法

【贮藏方法】冷藏保鲜。

【食用方法】鲜食。

六、采购渠道信息

北京市双河果园

联系地址：顺义区南彩镇河北村

联 系 人：胡子玉

联系电话：13901049882；010-89477712

⊙ 企业品牌——北郎中

登录编号：BJYN-QY-2021048

品牌传承　始终如一

一、品牌简介

北郎中农工贸集团确立"发展绿色经济，营造绿色环境，奉献绿色产品，共享绿色生活"的发展理念和"生产、生活、生态、示范"四位一体的发展定位，努力为市民提供安全、优质的农产品。集团重视加强基地建设，引进优良品种，推广标准化种植，并通过举办农业体验、农业科普与研学等活动，推广北郎中企业品牌的发展理念与定位。截至2022年底，北郎中品牌无形资产已达7亿多元、固定资产7.5亿元、年销售收入6亿多元。

二、品牌荣誉

2023年，北郎中村被农业农村部评为全国乡村特色产业超亿元村；2021年，集团被评为"北京市休闲农业星级园区"、北郎中村被评为"首都文明村镇""北郎中"品牌入选"北京优农"品牌目录；2020年，集团被评为"北京市农业科技示范基地"。

三、产品特点

为了提高产品品质，集团加强与北京市农林科学院、北京农学院的合作，引进10个优良品种进行推广种植；同时推广标准化种植养殖技术、测土配方施肥技术、生物防治技术等，推广面积1.5万多亩。

四、供应周期

全年。

五、推荐贮藏和食用方法

【贮藏方法】常温干燥保存。

【食用方法】根据不同产品具体选择食用方法。

六、采购渠道信息

北京市北郎中农工贸集团食品配送有限公司

联系地址：北京市顺义区赵全营镇北郎中村

联 系 人：王小记

联系电话：13521376055

登录编号：BJYN-QY-2021049

企业品牌——purelife

纯心至简　自然得安

一、品牌简介

纯然有机农场创建于 2008 年，占地面积 350 亩。起名"纯然场"，寓意"纯净、淡然"。15 年来，农场一直坚持与自然和谐共处的有机种植模式。

农场以种植有机蔬菜为主。农场坚持科技兴农、绿色发展，坚守绿色有机种植模式，重视土壤养护和生态系统的平衡，积极发展生态、绿色的高质量精品农业，先后注册"purelife"绿色有机蔬菜、"京城芋姐"芋系列产品品牌，着手打造 350 亩以芋头为特色的休闲农业园区。

二、品牌荣誉

2021 年入选"北京优农"品牌目录。

三、产品特点

农场采用物理、生物和人工的综合管理措施防治作物病虫害及草害，通过与豆科作物轮作、套种，使用农家肥等方式进行土壤培肥，保护基地及周围生态环境，并提高生物多样性，保护天敌及其栖息地，以提高自然的控制能力，并尽可能地维持基地的生态系统平衡。严格把控种子来源，不使用转基因种子；采取有机肥发酵，以改善土壤性质，提高土壤肥力；进行人工除草，不使用除草剂；采取蜜蜂自然授粉，不使用任何激素；采取物理除虫，不使用任何农药；采取蔬菜自然成熟，做到无农药、无催熟、无化肥，遵循自然生长；采取人工采摘，进行细心挑选。

四、供应周期

全年。

五、推荐贮藏和食用方法

【贮藏方法】冷藏保鲜。

【食用方法】蒸、煮、炒、凉拌等。

六、采购渠道信息

北京纯然生态科技有限公司

联系地址：北京市顺义区大孙各庄镇东尹家府村

联系人：李　艳

联系电话：15910780900

重建人与土地的连接

一、品牌简介

"分享收获"，这一名称源于我们对农业生活的深刻理解与向往，既表达了对每一份收获的珍视，也传递了我们乐于分享、互帮互助的精神。

分享收获农场的品牌标语是"重建人与土地的连接"。我们相信，每一个人都应该有机会接触土地、了解土地、感受土地的脉搏。通过与土地的接触，可以更深刻地理解自然，理解生命，理解我们存在的意义，同时也提醒人们要珍惜土地、保护土地，与土地建立更加紧密的联系。

二、品牌荣誉

2022 年荣获国家级生态农场、全国巾帼现代农业科技示范基地等称号；2021 年入选"北京优农"品牌目录，并被评为北京市休闲农业四星级园区企业。

三、产品特点

农场定位为一个高端有机农产品品牌，致力于为追求健康、品质生活的消费者提供最优质的产品。我们的目标客户是那些重视健康、重视品质、重视生活态度的消费者。产品以自然、健康、优质、有机为特点，采用有机种植方式，不使用任何化学肥料和农药，保证产品的纯天然。

四、供应周期

番茄、山药、梨、秋梨膏四种产品，全年供应。

五、推荐贮藏和食用方法

【贮藏方法】秋梨膏密封避光、常温存放。

【食用方法】秋梨膏冲水喝、口服、冲牛奶、拌沙拉、蘸面包等。

六、采购渠道信息

分享收获（北京）农业发展有限公司

联系地址：北京市顺义区龙湾屯镇柳庄户村

联 系 人：伍　松

联系电话：18010656056；010-60466095

地源遂航农庄
恪守自然·厚地为源

地源遂航农庄　恪守自然　厚地为源

一、品牌简介

"地之源"现代农业，是北京地界投资集团的全资农业板块，已建成北京地源遂航、大连地源桂航等基地，总占地4 000余亩，主要生产有机蔬菜、网纹甜瓜、蓝莓等。北京基地位于顺义区李遂镇后营村北，总占地531亩，有设施蔬菜生产面积300亩、大田100亩、果园30亩、鱼塘及林下养殖区53亩，主要生产有机蔬菜、深网甜瓜等，全年总产量2 200余吨。

基地已取得绿色食品认证、有机食品认证及GAP良好农业认证。自产西甜瓜、番茄、黄瓜、草莓等，多次在北京及全国各擂台赛取得多个奖项。基地具有独立的产、供、销能力，有自营店5家，服务2万户家庭。并通过"公司＋基地＋农户""管理输出＋标准输出＋销售服务"等面向中高档超市和会员家庭，稳定直供优质果蔬及加工品。

二、品牌荣誉

2022年入选"北京优农"品牌目录。

三、产品特点

"地之源"现代农业，精选优良品种，利用不同基地的气候差异，实现多个蔬菜品种周年产出。目前，有机芹菜、有机白萝卜、有机油菜、有机小白菜等在北京、上海、天津、济南等超市均有销售。

四、供应周期

有机蔬菜全年供应；网纹瓜供应期为6—8月。

五、推荐贮藏和食用方法

【贮藏方法】低温保鲜。

【食用方法】即食。

六、采购渠道信息

北京地源遂航农业发展有限公司

联系地址：北京市顺义区李遂镇后营村

联 系 人：边会营

联系电话：18910504050

⊙ 企业品牌——恒慧

登录编号：BJYN-QY-2023004

恒美味 慧健康 无淀粉 营养更美味

一、品牌简介

北京市恒慧通肉类食品有限公司创建于 1996 年 11 月，位于北京市顺义区高丽营镇金马工业区，是农业产业化国家重点龙头企业，国内低温无淀粉肉制品的领导者，为国内大型连锁超市、星级酒店和其他餐饮业等提供安全、营养、自然、新鲜的高档肉类制品。

公司主要生产西式灌肠类、酱卤类、熏烧烤类肉制品，产品将近 200 种，深受广大消费者的欢迎，并获得北京市消费者信得过产品称号。在北京市肉类食品中，市场占有率名列前茅，每年总产值达 1.5 亿元，近三年纳税 2 650 万元。

二、品牌荣誉

通过 HACCP 食品安全管理体系认证。近年来公司多次被评为守信企业。2023 年再次荣获"农业产业化重点国家龙头企业""京蒙协作优秀合作单位"，并入选"北京优农"品牌目录；2022 年荣获北京市企业创新信用领跑企业、国家肉类加工产业科技创新联盟副理事长单位；2021年和 2022 年荣获中国肉类食品行业"先进企业"；2020 年荣获中国肉类食品行业"肉制品加工三十强企业"等多项荣誉。

三、产品特点

品种培优：公司的所有产品都采用真空定量包装、低温蒸煮，以最大限度地保持蛋白质结构，易于人体吸收；品质提升："恒慧"牌无淀粉系列肉食有三大类型（西式灌肠类、酱卤类、熏烧烤类），产品将近 200 种，以满足不同消费者的需求；品牌打造：产品采用精选 4 号分割肉，利用世界上最优良的香料、腌制剂等添加剂在不添加淀粉的条件下，以独特的工艺腌制而成；标准化生产："恒慧"牌无淀粉肉制品，采用现代技术、传统工艺，有效掌控时间和温度，保留了鲜肉的鲜嫩口感，而且保证干净卫生。

四、供应周期

全年。

五、推荐贮藏和食用方法

【贮藏方法】冷藏保存。

【食用方法】开袋即食，切片拼盘、炒米饭等。

六、采购渠道信息

北京市恒慧通肉类食品有限公司

联系地址：北京市顺义区高丽营镇金马工业区

联 系 人：孙剑锋；薛国发

联系电话：18600350028；18910588871

学娱相融　尽在绿富农

一、品牌简介

"木林绿富农"品牌创立于 2017 年，以"种植安心果蔬，倡导健康食生活"为宗旨，自主经营面积 1 200 亩，带动社员 335 户，以农产品种植、销售、采摘为主要经营模式，年产果蔬 4 000 余吨，主要种植品种为番茄、草莓等。以原生态、绿色健康和高品质的产品理念，精选优良品种，自主基质育苗，以物理防治为主，确保"高品质、食安全、品新鲜"的产品特性，所生产的果蔬均进行无公害认证和有机认证，并通过 ISO 9001 质量管理体系认证，确保"舌尖上的安全"。此外，合作社注重科学管理，从抓无公害生产基地到生产有机产品、从抓产品质量到改换各种包装，以使产品质量逐步提升，食品安全得到保障，并坚持以品牌促增效、以产业促增收，形成了优质农产品种植、销售、初加工及配送的全产业链，进而打造农产品地域品牌。

二、品牌荣誉

2023 年入选"北京优农"品牌目录，并荣获第九届"北京草莓之星"优秀奖；2021 年获得"京津冀鲜食黄瓜擂台赛"二等奖；2020 年被全国农产品包装标识典范收录。

三、产品特点

品种培优：现有现代化育苗温室 1 栋，配有移动苗床、自动喷灌等设备，年育苗 180 万株；品质提升：在种植过程中全部按照有机标准生产，施用有机肥和菌肥，并配备了农产品安全检测设备；品牌打造：拓宽"农企对接""农超对接"等销售渠道，与餐饮企业、大型超市、企事业单位食堂建立了蔬菜配送业务，并开设果蔬自营直营店，而且在线上开通微信商城、抖音、BRTV 生活商城等销售平台，主推蔬菜、初吻番茄、草莓高端产品礼盒等；标准化生产：取得有机认证和 ISO9001 质量管理体系认证，生产过程中采用作物轮作倒茬种植、测土配方平衡施肥技术、施用有机肥等，以保护生态环境。

四、供应周期

全年。

五、推荐贮藏和食用方法

【贮藏方法】根茎类蔬菜如萝卜、洋葱、红薯等适合阴凉处存放，不宜放进冰箱；黄瓜、青椒类果类蔬菜冷藏温度维持在 6℃；叶类蔬菜冷藏前可先用厨房纸巾包起来，既可保湿，又可避免过于潮湿而腐烂，然后将根部朝下直立摆放在蔬果保鲜室保存。

【食用方法】鲜蔬油醋汁沙拉。

六、采购渠道信息

北京绿富农果蔬产销专业合作社

联系地址：北京市顺义区木林镇贾山村

联　系　人：聂海生

联系电话：13911537404

◎ 产品品牌——沿特

登录编号：BJYN-CP-2021021

绿色生态蔬菜　自然健康领先

一、品牌简介

北京顺沿特种蔬菜基地始建于 1985 年，占地面积约 200 亩，位于顺义区李桥镇西树行村北，是一家集试验、休闲观光、采摘等为一体的综合性种植园区，主要以生产优质特种蔬菜、西甜瓜为主。基地拥有一座 3 000 平方米的连栋温室，一栋 1 000 平方米的育苗温室，34 栋日光温室，32 栋塑料大棚，冷库 300 平方米，蔬菜加工车间 200 平方米，积累了多年的种植经验。"沿特"品牌始创于 2007 年，依托于北京顺沿特种蔬菜基地，于 2016 年取得绿色食品认证，2019 年取得有机食品认证；并依托品牌大力发展都市休闲观光农业，开发农业的多种功能，进而挖掘农业科技创新、生态休闲、旅游观光和文化教育等多元价值。

二、品牌荣誉

2021 年入选"北京优农"品牌目录；2020 年获得全国西甜瓜擂台赛甜瓜综合组冠军、"北京市四星级休闲园区""高效农业企业""籽种农业先进单位""国家农业标准化示范园区""北京市'菜篮子'工程优秀标准化生产基地""科技部食品安全项目北京示范区示范单位""甜瓜新品种展示示范基地"等多项荣誉。

三、产品特点

基地已形成一套专业的标准化生产体系，在生产过程中严格执行绿色、无公害生产规程与产品标准。在保证安全生产的同时，基地大力发展都市型休闲观光农业，而且探究现代蔬菜工厂化、无土基质栽培模式，其中以"沿特"为代表的特色西瓜、甜瓜、蔬菜已成为李桥镇极具特色的农产品品牌。

四、供应周期

5 月中旬、10 月上旬。

五、推荐贮藏和食用方法

【贮藏方法】保鲜。

【食用方法】即食。

六、采购渠道信息

北京顺沿特种蔬菜基地

联系地址：北京市顺义区李桥镇西树行村后

联 系 人：田凤英

联系电话：13621175459

登录编号：BJYN-CP-2021022

有鹏程　有未来

一、品牌简介

北京顺鑫农业股份有限公司鹏程食品分公司（以下简称"鹏程食品"）创立于1995年，隶属于北京顺鑫控股集团有限公司旗下的上市公司北京顺鑫农业股份有限公司，是集种猪繁育、生猪养殖、屠宰加工、肉制品深加工、仓储冷链物流、终端服务为一体的农业产业化龙头企业，年屠宰生猪能力300万头，肉制品深加工能力5万吨，占北京市场份额的30%以上。2022年，职工总人数1 109人，总资产20.2亿元，实现营业收入25.43亿元。凭借全产业链食品安全管控优势，完成了北京夏季奥运会、北京冬奥会、建党100周年、全国"两会"等重大活动猪肉产品供应任务。

二、品牌荣誉

2022年荣获参与奥运服务奥运贡献单位称号、百强优秀企业（养猪企业）、中国猪业赋能荣耀榜年度种业振兴突出贡献奖等；2021年荣获中国肉类食品行业最具价值品牌等，并入选"北京优农"品牌目录；2020年荣获中国肉类食品行业猪业六十强企业、消费市场年度影响力品牌（产品）、消费者喜爱的猪肉品牌等。

三、产品特点

鹏程食品是首都最大的生猪屠宰加工企业和安全肉食品生产基地，具有较强的供应链管理水平和完善的食品安全控制体系，始终以坚持生产"让老百姓放心的肉"为品牌发展定位。

四、供应周期

全年。

五、推荐贮藏和食用方法

【贮藏方法】-18℃冷冻贮存，保质期：6～18个月；0～4℃冷藏贮存，保质期：3～7天。

【食用方法】五花肉可涮、炒、炖、烤；排骨主要是炖、烤、蒸等；熟食类有酒店产品、火腿香肠、中式酱卤、中温产品、熏烧烤产品、速冻产品等六大系列产品。

六、采购渠道信息

北京顺鑫农业股份有限公司鹏程食品分公司

联系地址：北京市顺义区南法信地区顺沙路南侧

联　系　人：李宝营

联系电话：13911587245

 **产品品牌——顺丽鑫**

登录编号：BJYN-CP-2021023

您为梦想努力 我们努力为您

一、品牌简介

北京顺丽鑫生态观光农业园有限责任公司隶属于北京顺鑫控股集团有限公司，是以生态观光旅游，名优果品生产、加工、销售等为主的高科技观光农业企业，其严格秉承"技术创新、区域带动"的企业发展理念，樱桃观光采摘园自 1989 年建园，经过 34 年的技术改良创新，目前已发展到总占地面积 700 亩，分别建有鑫园、丽园、顺园及温室四个特色区域，引种栽植了红灯、红蜜、佐藤锦、布鲁克斯、美早、黑金、蜜露、蜜泉等早、中、晚熟优新品种 30 余个，并成功举办了二十届樱桃观光采摘节，年均接待游客 5 万余人次。结合园区内的大樱桃科普文化长廊，为将园区打造成集科普、休闲、娱乐为一体的现代观光农业小镇奠定了基础。

二、品牌荣誉

生态观光农业园是"北京市定点观光采摘果园""北京名优果品出口基地"和"国家农业标准化生产示范基地"，连续多年被评为"十佳果园""先进观光农业园"，并获得中国质量认证"有机大樱桃"和良好农业规范（GAP）认证；2021 年被评为全国休闲农业与乡村旅游四星级企业、北京市休闲农业与乡村旅游五星级企业，同时获有机大樱桃国际擂台赛金奖等，并入选"北京优农"品牌目录；2020 年通过 ISO 质量、环境、安全、健康管理体系认证和 3A 信用评价。

三、产品特点

公司精选名优品种，不断升级改造，所产大樱桃果实饱满甜润，口感极佳；施用有机农肥，并结合物理治虫防害，确保生态安全，从而创立了独特的大樱桃品牌。

四、供应周期

5 月下旬至 6 月中旬。

五、推荐贮藏和食用方法

【贮藏方法】常温，冷藏更佳。

【食用方法】即食。

六、采购渠道信息

北京顺丽鑫生态观光农业园有限责任公司

联系地址：北京市顺义区高丽营镇白马路与三干渠路交汇处北 100 米

联 系 人：冯 笑

联系电话：15801556211；010-69453090

登录编号：BJYN-CP-2021024

产品品牌——硕丰磊 ◎

五谷丰登　硕果累累

一、品牌简介

合作社位于顺义区北小营镇西府村，自主经营 3 000 亩粮田，每年提供农机服务近 3 万亩，获得国家级示范合作社称号，主要生产加工小麦、玉米、黑花生、白山药、高粱、杂粮等农产品。合作社以土地种植为基础、以高新科技为支撑、以园区建设为重点、以社员致富为目标，致力于发展绿色农业、高新农业、开心农业，以着力打造农业高端产品品牌实现社会效益与经济效益双丰收。合作社的宗旨是打造现代农业园区，提高土地规模经营效益，促进农业生产要素优化组合和资源的有效利用，走出一条现代化农业发展的路子，服务于社会，创利于农户，带动农民从事相关的融合性产业，促使农民增加收入。

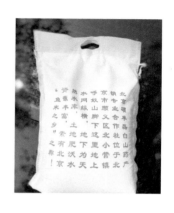

二、品牌荣誉

2021 年入选"北京优农"品牌目录。

三、产品特点

在选种方面积极与北京市种植中心专家沟通联系，选用适合本地区的优良品种；自身配备成套农机具，严格按照作业标准和绿色认证规范进行整地、播种及后期管理，从而提升农产品品质。在品牌打造方面积极与本地区最大的产品加工企业合作，并签订代加工协议，严格按照相关标准进行管控，而且销售渠道从老百姓做起，力求"找回老的味道"。

四、供应周期

全年。

五、推荐贮藏和食用方法

【贮藏方法】避光、低温贮藏。

【食用方法】蒸煮、熬粥等。

六、采购渠道信息

北京硕丰磊白山药产销专业合作社

联系地址：北京市顺义区北小营镇西府村

联 系 人：郭　超

联系电话：13911570618

产品品牌——绿奥

绿奥食品，良心至上，
绿奥蔬菜，伴您健康一生

一、品牌简介

北京绿奥蔬菜合作社成立于 2003 年，2004 年注册了"绿奥"商标，标识是由绿奥的首字母"LA"变形而成，"绿"代表着蔬菜的颜色，代表着生机盎然，代表着自然、生态、环保、安全；"奥"来源于奥林匹克精神的内容"相互理解、友谊长久、团结一致、公平竞争"，也是合作社组织内部团结和与农户长期合作的法宝。合作社种植面积 1 000 多亩，自由基地 360 亩，日光温室 76 栋，大棚 39 栋；农资物流库 600 平方米，两栋集蔬菜加工、保鲜、检测为一体的蔬菜加工配送车间 4 100 平方米，并拥有蔬菜配送车 6 辆。

二、品牌荣誉

2021 年入选"北京优农"品牌目录，并获得"北京市休闲农业四星级园区企业"；2020 年，合作社获得"最美绿色食品企业"称号；2020 年，被授予"国家农民合作社示范社"的称号，并获得"全国农产品包装标识典范"证书。

三、产品特点

合作社先后建设了智能连栋育苗温室、日光温室、农资物流库、蔬菜保鲜库、蔬菜加工车间，并购置了物流配送车辆，而且与中国农业大学、中国农业科学院、北京市农林科学院、北京市农业技术推广站合作，在自建的温室大棚进行新品种、新技术试验示范，成功后进行推广，如其黄樱桃番茄为进口品种，颜色鲜艳，果实口感极佳，糖度较高，像黄宝石般耀眼。

四、供应周期

全年。

五、推荐贮藏和食用方法

【贮藏方法】室温保存的蔬菜：韭菜、番茄、土豆、蘑菇、冬瓜、豆角、茄子、地瓜等；冷藏保存的蔬菜：生菜、芹菜、西兰花、南瓜、萝卜、白菜、竹笋、菠菜、绿叶蔬菜、青椒、黄瓜、金针菇、玉米、莲藕等。

【食用方法】根据不同蔬菜可蒸、炒、做汤等。

六、采购渠道信息

北京绿奥蔬菜合作社

联系地址：北京市顺义区大孙各庄镇四福庄村四福通大街 485 号

联 系 人：张丽茹

联系电话：13436892220

登录编号：BJYN-CP-2021027

益婷　一颗小红果　酸甜好滋味

一、品牌简介

北京神农天地农业科技有限公司成立于2009年，坐落于北京市顺义区杨镇焦各庄村，占地330亩，是一家集蔬菜、草莓种植，冷储加工，科技推广，科普教育等功能于一身的民营企业。公司主要种植生产优质草莓、蔬菜等特色农产品。公司研发出的低成本、可调节式高架栽培槽，实现了草莓、蔬菜的立体套种，单产在全国名列前茅；公司设计的新型悬挂式栽培，使草莓管理不再"猫腰"，育苗效率提高了3倍；公司开创的以"公司＋基地＋农户"的生产模式，带动周边近千名村民种植草莓，开启了部分农民的"莓"好人生，并使之走上了共同致富的道路。

二、品牌荣誉

2023年获得第九届"北京草莓之星"四星奖；2022年获得第八届"北京草莓之星"四星奖；2021年入选"北京优农"品牌目录。

三、产品特点

公司坚持"发展绿色生态循环农业"的理念，围绕有机蔬菜、有机草莓种植建成农产品产销基地。采取立体栽培模式，使种植株数提高了20%～30%。根据草莓、叶菜、食用菌等作物生长发育对环境条件的要求，研发出可调节、多层垂直、组装架式基质栽培种植系统。此种栽培模式得到草莓协会首席专家张运涛、秘书长钟传飞

等的高度肯定，称赞这种草莓种植方式的诞生，将对草莓种植界有着颠覆性作用。该公司草莓种植的品种为"红颜"，"红颜"为浅休眠品种，大果型，5℃以下的低温经过50小时即可休眠，而且连续结果能力强，丰产性好，平均单株产量在350克以上。

四、供应周期

12月至翌年5月。

五、推荐贮藏和食用方法

【贮藏方法】冷藏保存。

【食用方法】即食。

六、采购渠道信息

北京神农天地农业科技有限公司

联系地址：北京市顺义区杨镇焦各庄村顺平路北100米

联　系　人：田　飞

联系电话：18910533397

◎ 产品品牌——草帽公社

登录编号：BJYN-CP-2021028

 **种一棵有担当的红薯**

一、品牌简介

2013年，陈峰和三位 IT 行业的朋友承包了杨镇某农场的 8 个闲置大棚，逐渐将工作重心由 IT 转向农业种植，从此转变身份化身"新农人"走上了兴农路。2018年，陈峰将自己的北京草帽人家农业科技有限公司搬到了杨镇辛庄户村，如今农场占地面积 140 亩，2022年又增加了一个 60 亩的苹果园。

二、品牌荣誉

2022年参加北京市农村创新创业大赛，获得优秀创业项目称号；2021年入选"北京优农"品牌目录，并获得北京优质农产品品牌称号，而且被选为冬奥会运动员保障基地；2020年通过北京市标准化基地的审核。

三、产品特点

草帽公社的蜜薯选用的是优质的眼熟 5 品种，特点是软糯香甜，适合烤制。该品种从 2018年开始种植，一直广受好评，更是在 2022年的农村创新创业大赛上获得优秀创业项目的称号。该品种全程采用有机标准种植，与周边同类产品相比口感有明显差异。

四、供应周期

9 月中旬至翌年 1 月中旬

五、推荐贮藏和食用方法

【贮藏方法】干燥通风，12 ~ 15℃保存。

【食用方法】蒸、煮等。

六、采购渠道信息

北京草帽人家农业科技有限公司

联系地址：北京市顺义区杨镇辛庄户村东

联 系 人：陈　峰

联系电话：18611149732

登录编号：BJYN-CP-2021029

产品品牌——老兵农场 ◉

老兵农场　守护食品安全的哨兵

一、品牌简介

北京市杰海农业科技发展有限公司于2016年1月在北京市顺义区正式注册，注册资金1 000万元，基地位于顺义区北务镇林上村。公司于2014年开始建设，2016年正式投产，占地面积110亩，其中搭建了温室大棚33座。该公司创始人是一名退伍老兵，2013年因公负伤，被评定为国家六级伤残军人，并在部队办理了退休手续，所以给公司起名"老兵农场"，图形商标的设计融合了部队的特色，以怀念曾经的部队生活。公司以服务北京蔬菜供应为核心，建设以生产功能为主、融合二产、三产功能为一体的新型现代农业产业园区。

二、品牌荣誉

2023年被北京市顺义区科委再次授予"国家高新技术"企业称号，并被北京市顺义区北务中学确定为"诗意田园"校外劳动实践基地；2022年被北京市农业农村局评为"北京市农业科技示范基地"；2021年入选"北京优农"品牌目录，并被北京观光休闲农业行业协会评为"北京市三星级休闲农业园区"；2020年被农业农村部收录为"全国首批农产品包装标识典范"。

三、产品特点

公司主要种植番茄等茄果类蔬菜，同时种植了草莓、火龙果、香蕉、长桑葚等水果。公司所有的产品均采用有机生产方式，坚持不使用化肥、农药、除草剂等；产品采用从田间到餐桌的会员直供模式销售，对订制会员直接供货。

四、供应周期

全年。

五、推荐贮藏和食用方法

【贮藏方法】可放置保鲜柜冷藏贮藏。

【食用方法】即食。

六、采购渠道信息

北京市杰海农业科技发展有限公司

联系地址：北京市顺义区北务镇林上村老兵农场

联　系　人：刘春杰

联系电话：13911933125

◎ 产品品牌——前鲁

登录编号：BJYN-CP-2021030

汉风古韵两千载　北方水稻第一田

一、品牌简介

顺义种植水稻历史悠久，可上溯到东汉。《顺义县志》记载："汉张堪为渔阳太守，开顺义狐奴山地为田，至今人食旧德，称说不衰。"渔阳太守张堪引进新的农作物品种，传授新的生产技术，这应当是北京地区历史上最早的一次大规模农业开发，在北京的农业发展史上写下了浓墨重彩的一页，开创了中国北方种植水稻的历史先河，前鲁各庄村号称"北方水稻第一村"。

顺义区箭杆河流域盛产稻谷，搓出的米雪白、光亮、油性大，煮饭时不乱汤，做出的大米饭香甜可口，第一顿吃不完，剩余的米饭还可下锅再次蒸煮，延至三次，后两次膨胀伸展的米粒基本如初，当地人称其为"三伸腰大米"，搓成此米的稻谷，也称"三伸腰清水稻"，远近闻名。

二、品牌荣誉

2021 年入选"北京优农"品牌目录。其还入选北京市典型农业文化遗产、第一批全国"一县一品"特色文化艺术典型案例，以及被评为北京市休闲农业星级园区、杰出乡村振兴创新运营实践园区、北京市廉政教育基地、北京市文化旅游基地等。

三、产品特点

品牌产品采用古老的"三伸腰清水稻"品种，这种稻碾出的米雪白、光亮、油性大，做出的米饭香甜可口，煮饭时不乱汤，无论蒸吃或煮食，第一顿有剩余，可再次蒸煮，至第三次，米粒伸展仍然如初。此外，产区还构建自然平衡的生态链，以田养鸭、以鸭促稻，鸭和稻共栖生长，实现稻鸭双丰收，并采取水旱轮作，一方面可以减轻连作障碍、改善土壤结构、提高土壤肥力，另一方面还可以有效灭除农田杂草和病虫害，减少农药的使用量。

四、供应周期

全年。

五、推荐贮藏和食用方法

【贮藏方法】阴凉通风。

【食用方法】蒸、煮等。

六、采购渠道信息

北京箭杆河边农业科技发展专业合作社

联系地址：顺义区北小营镇前鲁各庄村

联　系　人：马雪红

联系电话：13911012406；010-61428708

登录编号：BJYN-CP-2021032

技术创新改变芽菜历史
安全食品惠及每一个人

一、品牌简介

福来芽品牌创立于 2015 年，为北京中禾清雅芽菜生产有限公司（以下简称"中禾清雅"）自有品牌，品牌 logo 以明快的绿色为底色形成渐变效果，突出生机盎然之感，让人联想到大自然的勃勃生机，给人以生命力；"G"型的环绕，有"Green""GEO"之意，代表了企业走绿色发展之路，也代表了企业是北京吉奥农业（集团）有限公司的子公司。中禾清雅成立于 2012 年，位于北京市顺义区赵全营镇，总投资 8 000 万元，建筑面积 20 000 平方米，是集芽苗菜技术开发、生产、销售为一体的高科技现代化芽苗菜生产企业，致力于生产绿色安全无污染的芽苗菜为根本，以研发芽苗菜营养价值使之惠及全国百姓为宗旨，以让全国乃至全世界人民食用安全放心蔬菜为长远目标。

二、品牌荣誉

2023 年被评为北京农业产业化科技创新新星企业、北京市"专精特新"中小企业；2022 年被评为北京市新技术新产品、北京市"创新型"中小企业；2021 年入选"北京优农"品牌目录，并被评为北京市乡村特色美食、北京市知识产权试点单位。

三、产品特点

"福来芽"品牌主打安全健康、营养美味芽苗菜，并优选发芽率在 98% 以上的种子，严谨细致地抓质量，建立了自己的标准化生产流程，从种子进库到产品包装出库都有明确的要求和标准，严格按工艺规程操作。

四、供应周期

全年。

五、推荐贮藏和食用方法

【贮藏方法】2 ～ 8℃避光保存。

【食用方法】经烹饪后食用，例：清炒绿豆芽。

六、采购渠道信息

北京中禾清雅芽菜生产有限公司

联系地址：北京市顺义区赵全营镇兰白路 123 号

联 系 人：苏 娜

联系电话：18810223309

◉ 产品品牌——龙湾巧嫂

登录编号：BJYN-CP-2021033

一切为农民增收　一切为客户服务

一、品牌简介

"龙湾巧嫂"品牌创立于 2008 年，一直以来坚守初心，只为生产出优质果品。品牌标志设计以合作社理事长张亚利为原型，体现合作社全体社员都是女性的独特之处，代表着妇女"巾帼不让须眉"的优秀品质。妇女的眼神向远上方看去，体现了龙湾巧嫂淳朴善良、勤劳向上的形象。绿色的"龙湾巧嫂"文字，铿锵有力，传达出"龙湾巧嫂"品牌绿色、健康的理念。

合作社现有果林面积 3 000 余亩，其中 333 亩通过绿色认证，而且有蔬菜面积 850 亩。果品有苹果、梨、桃、杏、李子、核桃等十多类 100 余种，另有蔬菜、礼品瓜、草莓、柴鸡蛋、杂粮等产品。经过十几年的发展，合作社已成为集生产、包装、销售服务于一体的跨镇域经营的全国农民合作社示范社。

二、品牌荣誉

2023 年，合作社的樱桃产品在第九届国际樱桃大会擂台赛获得红灯一等奖和布鲁克斯一等奖；2022 年合作社被评为"全国科普教育基地"；2021 年入选"北京优农"品牌目录，并且合作社被评为"全国农业科技示范展示基地"；2020 年，合作社被评为"休闲农业五星级园区"，而且进入全国 500 强合作社。

三、产品特点

合作社引进金坠梨、库尔勒香梨、红肖梨、安梨等 60 个梨品种进行种植示范推广，并构建巧嫂电商系统，建立龙湾巧嫂微店、淘宝店等平台，并定期进行内容更新。此外，还进行校企对接、农社对接，举办龙湾巧嫂特色农业活动，以及创新产品包装、制作特色包装盒等，并将所有包装加入龙湾巧嫂商标、溯源标识、绿色认证标识等内容，以扩大龙湾巧嫂的品牌影响。

四、供应周期

全年。

五、推荐贮藏和食用方法

【贮藏方法】阴凉保鲜。

【食用方法】即食。

六、采购渠道信息

北京龙湾巧嫂果品产销专业合作社

联系地址：北京市顺义区龙湾屯镇山里辛庄村

联 系 人：张亚利

联系电话：13693079905

登录编号：BJYN-CP-2022008

产品品牌——欧菲伯格 ◎

Ophéburg

欧菲伯格

一、品牌简介

欧菲伯格，O'Flaherty，法译：绅士。北京欧菲堡酒庄以酿酒文化的精神底蕴为纽带，融会贯通，为传统农产品注入紧扣时代脉搏的新鲜活力。其所酿的葡萄酒口感优雅且平衡，单宁成熟且柔软，像"绅士"般以品质向目标消费群输出品牌背后的文化与内涵，引起消费者内心深处的共鸣和高度推崇。其每一瓶葡萄酒均承载着对自然、健康的生活方式，热烈、奔放的生命态度的积极倡导。该产品为老北京特色产品和非物质文化遗产。

二、品牌荣誉

公司产品获得中国"一乡一品"认证；2022年入选"北京优农"品牌目录。

三、产品特点

此款酒选用北京欧菲堡酒庄怀来基地优质葡萄为原料，经过田间初选、分选采购、入厂手工检选三道工序，以确保进入发酵桶的每一粒葡萄都是完全成熟的精品，之后通过自动化控温发酵，充分吸取葡萄中的营养物质，发酵结束后随即进入法国橡木桶中陈酿，在达到香气与口感平衡后出桶，经无菌过滤灌装，进入恒温恒湿的地下酒窖窖藏成熟。此酒酒体呈深宝石红色，澄清透亮；具有浓郁的黑加仑、咖啡、烟熏的香气，酒香和谐优雅；入口圆润、饱满、结构感强，回味悠长，具有典型的赤霞珠红酒的特色。

四、供应周期

全年。

五、推荐贮藏和食用方法

【贮藏方法】卧放，以使葡萄酒的软木塞和酒液接触，让软木塞保持湿润，从而阻止外面的空气因为软木塞的干燥而与酒液接触，导致葡萄酒变质。

温度在13～16℃、湿度在70%～80%为宜。软木塞的一端有酒液湿润，另一端太干燥还是会使葡萄酒变质，所以葡萄酒适合存放在地下室或者床底下等阴暗潮湿的地方。此外，贮酒的环境，最好不要有任何光线，否则容易使酒变质，特别是日光灯容易让酒产生还原变化，而发出浓重难闻的味道。

【食用方法】最佳饮用温度14～16℃，辅餐可配牛排、坚果、奶酪、火腿或苏打饼干等。

六、采购渠道信息

北京欧菲堡酒庄有限公司

联系地址：北京市顺义区龙湾屯镇柳庄户村

联系人：张邵楠

联系电话：15727307097

产品品牌——掌鲜

登录编号：BJYN-CP-2022009 ｜

"掌鲜"让您生活更美好

一、品牌简介

北京顺鑫农业股份有限公司创新食品分公司位于顺义区金马工业区，占地 120 000 平方米，公司拥有 12 000 平方米的生鲜加工配送中心，55 000 平方米仓储中心，是一家集原料检测、生产加工、自动包装、冷链配送"四位一体"的现代化食品加工企业，总资产达 4.5 亿元。2017 年底以来，全力打造的"掌鲜"自主品牌产品，包括速冻东坡肉、速冻孜然猪柳、速冻鱼香肉丝、速冻番茄牛腩及速冻酸辣汤组合而成的中式"四菜一汤"套餐和汤酱组合，以及奶油蘑菇汤、意式肉酱汁、老北京炸酱、番茄底料等产品，丰富各种家庭的不同需求。

二、品牌荣誉

2006 年公司荣获"食品安全十佳供应商"称号，并被评选为"双百市场工程""100 家大型农产品流通企业"；2008 年公司成为第 29 届奥运会蔬菜供应企业，供应量高达奥运期间蔬菜需求量的 63%，出色地完成了历史重任。此外，公司还是北京市农业产业化重点龙头企业，2014 年被国家安监总局评为安全生产标准化一级企业，成为青少年安全教育基地。2022 年入选"北京优农"品牌目录。

三、产品特点

严格执行"六大控制"食品安全管理体系，确保原辅料优质安全，并保留完整原辅料验收记录、证明材料，以便追溯；洁净控制，确保加工车间安全卫生；在过程控制方面确保加工操作高效快捷，对生产中的关键环节进行检查、监控和记录；检测控制，确保产品出厂全部合格；在运输控制方面确保物流环节食品质量，依靠专业冷藏车，使用"GPS 温度监控＋温度跟踪"管理，避免产品因温度变化而发生质变；在追溯控制方面借助现代化信息系统，通过 SAP 系统实时记录原辅料入库、使用和库存信息，建立完善的食品安全可追溯体系，确保产品追根溯源。

四、供应周期

全年。

五、推荐贮藏和食用方法

【贮藏方法】置于阴凉、通风干燥处，避免阳光直射，勿挤压。

【食用方法】黑胶鸡丁饭：拆开方便米包，倒入内托盒米饭侧，加入饮用水包，搅拌均匀；另一侧倒入菜肴包；撕开发热包塑料袋，放在外盒底部，加冷水至注水线；迅速将内托盒放入，并盖上外盖，切勿堵塞出气孔，等待约 15 分钟；开盖谨防烫伤，待温度适宜后即可食用。

六、采购渠道信息

北京顺鑫农业股份有限公司创新食品分公司

联系地址：北京市顺义区高丽营镇金马工业区二街十六号

联 系 人：胡 莹

联系电话：13810260633 ；010-69490568 转 243

登录编号：BJYN-CP-2022010

京郊顺义游·葫芦庄园·葫芦牛

一、品牌简介

葫芦牛商标已注册使用 12 年之久，主要运营单位是北京吉祥八宝葫芦手工艺品产销专业合作社。合作社理事长牛成果老师是北京市市级非遗"火绘葫芦"技艺代表性传承人，被评为 2020 年北京市劳模、2021年度乡村旅游能人、2022 年首都文化和旅游紫禁杯先进个人。在牛老师的带领下，当地 200 余户农民种植加工葫芦特色工艺礼品，其古朴雅致、妙趣天成。其打造的"葫芦牛"品牌，以中华传统纹样为借鉴，结

合当下国潮理念，在保留传统文化的基础上，进行现代化演绎，独有特色和全新的美学体验。目前，其现有产品种类 42 种，在北京市休闲农业、文创和文旅商品发展方面具有示范引领带动作用。

二、品牌荣誉

2022 年参与北京 2022 年冬奥会及冬残奥会服务保障获官方感谢信，并同年入选"北京优农"品牌目录；2021 年被评定为北京市文化旅游体验基地（北京市文化和旅游局评定）、"北京市爱国主义教育基地"（北京市委宣传部评定）等。

三、产品特点

引进全国各地大中小葫芦品种 22 种，并通过优选优育，提高葫芦原材料品质。同时注重地区历史文化挖掘，以葫芦为载体开发了多款"顺意好礼"，其产品获得央视和北京卫视的多次专题报道，并在国际服贸会、旅游商品博览会、农业博览会、丰收节等活动庆典上展览展示。

四、供应周期

全年。

五、推荐贮藏和食用方法

【贮藏方法】妥放。

【食用方法】非食用。

六、采购渠道信息

北京吉祥八宝葫芦手工艺品产销专业合作社

联系地址：北京市顺义区龙湾屯镇柳庄户村

联 系 人：刘建伟

联系电话：15510791670

◎ 产品品牌——小店

登录编号：BJYN-CP-2023002

小店　精品思想　市场战略　服务意识

一、品牌简介

"小店"是取自公司名称中的"小店畜禽良种场"，也是中国种猪行业第一块驰名商标，是小店种猪的起源地。北京顺鑫农业小店种猪分公司隶属于北京顺鑫农业股份有限公司，是北方地区规模最大的、久负盛名的种猪繁育企业，下设原种猪场、祖代种猪场及父母代种猪场 15 个。公司长年存栏母猪 30 万头，品种覆盖大白、长白、杜洛克等，年可提供大白、长白、杜洛克种猪及祖代种猪 20 万头，提供二元种猪 18 万头，年出栏种猪及商品猪可达 50 万头。公司坚持育种 40 余年，向社会提供种猪数量超百万头，销售区域覆盖全国 31 个省、市、自治区。

二、品牌荣誉

2023 年入选"北京优农"品牌目录；2022 年入选国家种业阵型队伍，并被认定为国家级生猪产能调控基地；2020 年获批国家核心育种场。

三、产品特点

小店畜禽良种场为社会提供优质的法系大白、英系大白、美系长白、台系杜洛克以及二元杂交母猪，种猪

产品承传国内外优质的种猪基因，采用国内外最优质的精液，经过科学的测量、计算，严格筛选出最优秀的种猪。

四、供应周期

全年。

五、推荐贮藏和食用方法

【贮藏方法】无。

【食用方法】非食用。

六、采购渠道信息

北京顺鑫农业小店种猪分公司

联系地址：北京顺义大孙各庄镇客家庄村西

联 系 人：孙　孝

联系电话：13681228004

昌平区
(12个)

昌平·苹果
CHANGPING APPLE

萬德庄園

昌平草莓　让生活更甜美

一、品牌简介

昌平区地处燕山、太行山的山前暖带，是国际公认的草莓最佳生产带。昌平草莓核心产区位于昌平中部的兴寿、小汤山、崔村等镇，种植面积稳定在 5 000 栋左右，年产量 6 000 吨以上，总产值达 3 亿元以上，种植面积和产量均占到了北京草莓产能的 50% 左右。昌平区创建了"国家级草莓标准化示范区"，通过承办世界草莓大会和北京农业嘉年华、草莓文化节等盛会，拓展以草莓采摘为主的休闲农业功能，成功打造出北京都市型现代农业发展的新样本。

二、品牌荣誉

2011 年获得农业部、国家质检总局"昌平草莓"国家地理标志性产品保护认证；2017 年荣获"2017 最受消费者喜爱的中国农产品区域公用品牌"和"北京农业好品牌—区域品牌"；2021 年入选"北京优农"品牌目录。

三、产品特点

昌平草莓生长在燕山脚下的山前暖带，是国际公认的草莓最佳生产带。昌平草莓果型端正、饱满，果面光泽亮丽，瘦果分布均匀，果肉质地细腻，口感纯正、香味浓郁，果实硬度较大，耐贮运。目前的种植品种形成了以红颜为主、多品种搭配的布局。通过政策扶持的方式对安全农药、绿色防控、有机肥、微生物菌剂等投入品进行补贴，引导草莓生产向绿色安全方向发展。

四、供应周期

12 月初至翌年 5 月。

五、推荐贮藏和食用方法

【贮藏方法】采摘后冷藏保存 1～2 天。

【食用方法】推荐采摘鲜食。

六、采购渠道信息

1. 南邵镇

联系地址：北京金六环农业科技有限公司等

联 系 人：邹祖欣　联系电话：18510335746

2. 兴寿镇

联系地址：北京兴奥草莓专业合作社等

联 系 人：王 磊　联系电话：15901071143

3. 崔村镇

联系地址：北京天润园草莓专业合作社等

联 系 人：夏秋桐　联系电话：13601005575

4. 小汤山镇

联系地址：北京御林汤泉农庄等

联 系 人：王玉祝　联系电话：13661117755

⊙ 区域公用品牌——昌平苹果

登录编号：BJYN-GY-202103

又是一年苹果红　观光采摘到昌平

一、品牌简介

昌平区是北京市最为重要的苹果生产基地。昌平区于 2002 年被国家质监总局授予国家级苹果标准化示范区称号，"昌平苹果"于 2006 年被认定为中国地理标志保护产品，并于 2015 年和 2017 年两次登录全国名特优新农产品目录，先后被评为"最受消费者喜爱的中国农产品区域公用品牌"和"北京农业区域好品牌"。截至 2022 年底，全区苹果种植面积 2 万亩，主要集中分布在京密引水渠以北的百里山前暖带，涉及 10 个镇街、118 个村，年产量 10 000 余吨，产值稳定在 1.2 亿元、惠及全区 2 000 多户苹果种植户，户均收入 4.23 万元，在推动全区绿色发展、富民增收、稳定农村绿岗就业等方面始终发挥着不可替代的作用。

二、品牌荣誉

"昌平苹果：技术创新造就富民红果"在 2022 年中国国际服务贸易交易会世界地理标识品牌分销服务大会上被评为 2022 地理标志产业发展示范案例，昌平苹果为示范品牌。2021 年入选"北京优农"品牌目录；2020 年经浙江大学中国农业品牌研究中心评估，昌平苹果品牌价值已达 12.02 亿元。

三、产品特点

昌平苹果主栽品种是着色富士系列中各项经济性状表现均佳的"工藤富士"，被全国果品流通协会冠以"中华名果"的称号。其苹果生产过程全部使用有机肥，通过行间种植三叶草、投放害虫天敌、果实套袋等手段，杜绝一切化学农药。在标准化生产方面，根据多年积累的苹果生产经验和借鉴日本栽培技术的合理部分，总结制定《苹果栽培生产技术综合标准》。2004 年起，昌平区每年举办"苹果文化节"，迄今已连续举办 19 届，成为推介昌平苹果、宣传昌平旅游、弘扬昌平文化的重要平台。

四、供应周期

9 月至翌年 3 月。

五、推荐贮藏和食用方法

【贮藏方法】气调保鲜。

【食用方法】即食。

六、采购渠道信息

北京四季芳华农业合作社等

联系地址：北京市昌平区崔村镇八家村

联　系　人：林春芳

联系电话：13901011252

登录编号：BJYN-QY-2021031

专心种菜 30⁺ 年

一、品牌简介

"小汤山"是北京天安农业发展有限公司旗下的蔬菜品牌。北京天安农业发展有限公司始建于1984年，其前身为北京市农业局组建的小汤山特菜基地，主要从事蔬菜的生产、加工和销售。"小汤山"以北京市农技推广站、中国农业科学院、中国农业大学、北京市农林科学院等科研教育单位为强大技术支撑，秉承"民以食为天，食以安为先"的理念，致力于管控源头，保障食品安全，促进消费者健康，以打造品牌引领产业升级。目前，"小汤山"已覆盖全国近200家商超，年供应北京市场蔬菜10 000吨以上，年销售额超过1.7亿元。

二、品牌荣誉

2023年获"北京市生态农场"称号；2022年获"国家蔬菜产业链质量控制标准化示范区""冬奥会（冬残奥会）食品供应安全保障优秀单位""北京农业产业化产业带动示范龙头企业"荣誉称号；2021年获"北京民营企业社会责任百强——2021年度第86位"，并入选"北京优农"品牌目录；2020年获"京郊最受欢迎农产品品牌"等荣誉。

三、产品特点

建立了四大自有农场、20余个生产供应基地，通过了ISO 9001、GAP、有机产品认证，成为"小汤山"蔬菜品牌最亮的底色。公司生产的樱桃番茄色泽鲜艳，肉质鲜美，可溶性糖＞10%；迷你南瓜外观精美，兼具观赏性和食用性，肉质粉糯香甜；香薯肉质软糯甜香，可溶性糖＞15%；甜糯玉米甜、鲜、糯、嫩，可溶性糖＞12%。此外，公司还自主研发了"蔬菜全产业链信息化系统"，涵盖蔬菜生产种植、加工仓储、企业管理、物流配送、市场营销等全产业链。

四、供应周期

全年。

五、推荐贮藏和食用方法

【贮藏方法】冷藏保鲜。

【食用方法】黄金香薯：蒸、烤、煮甜汤等；纯白玉米：煮、蒸、榨汁等；南瓜：蒸等。

六、采购渠道信息

线上：天猫小汤山旗舰店、京东天安农业果蔬专营店等

联 系 人：李明辉

联系电话：13810969325

线下：永辉超市等

联系地址：北京市昌平区小汤山镇大柳树环岛南500米

联 系 人：昝雄飞

联系电话：13810719161

◉ 企业品牌——黑山寨

登录编号：BJYN-QY-2021032

 尝尝买　先尝后买

一、品牌简介

北京海疆栗蘑产销专业合作社位于"栗蘑之乡"昌平区延寿镇黑山寨村西。自 2012 年合作社成立以来，就确立了"以农业生产种植为基础，以休闲体验为特色，以市场需求为重点，以制作美食为核心竞争力"的发展思路，把农业从田间种植到餐桌上的美食去经营、去创新，拓展了农业的新功能，促进了农业调整，由基础农业向衍生产业发展，实现了从一产向三产的跨越。此外，还聚集旅游观光、采摘、农事体验等业态，成功打造出栗蘑生产、种植、销售、美食制作一体化，成为北京人喜爱的休闲绿色农业基地。

栗磨的主要成分为栗磨多糖，同时富含较高的铁、铜、硒等和维生素 C，具有突出的营养和药理价值，因而被誉为"食用菌王子"和"华北人参"。

二、品牌荣誉

2022 年张海疆被评为昌平区致富能手；2021 年 6 月被评为"国家级示范社"、入选"北京优农"品牌目录；2020 年中国建设银行设立普惠金融服务网点；2020 年最美丰收人。

三、产品特点

合作社的栗蘑种植基地位于昌平区延寿镇黑山寨村，其地处燕山山脉，南邻十三陵风景区，北邻延寿寺、水长城、银山塔林等风景区，属于四面环山的小盆地，村域植被覆盖率达 90% 以上。此外，黑山寨地区地下水质为麦饭石矿物质水，自然环境得天独厚，空气质量全年 I 级，是一个绿色生态小城镇。栗蘑生产采用的是林下栗蘑仿生态示范种植，其采用的水源为地下的麦饭石矿物质水，水质口感微甜，种植出的栗蘑自带清香，口感特点是味如鸡丝、脆似玉兰，主要种植北京 1 号、3308 号、3338 号等新品种。

四、供应周期

鲜栗蘑：6 月中旬至 9 月中旬。

干栗蘑：全年。

五、推荐贮藏和食用方法

【贮藏方法】干栗蘑阴凉干燥密封保存 2 年；鲜栗蘑冷藏保存 7 天。

【食用方法】干栗蘑泡发后，炒菜、炖菜、做汤、做馅均可；鲜栗蘑凉拌、炒菜、炖菜、做汤、做馅均可。

六、采购渠道信息

北京海疆栗蘑产销专业合作社

单位地址：北京市昌平区延寿镇黑山寨村西

联 系 人：张鑫奥

联系电话：13391888337

登录编号：BJYN-QY-2021033

莓好滋味　万德相隋

一、品牌简介

北京万德园农业科技发展有限公司成立于 2009 年，位于昌平区小汤山镇、中国航空博物馆西、上风上水的北京西北郊区、燕山山脉山前暖带，北纬 40° 国际公认的最佳草莓生长带。"万德园"在这里为您提供优质草莓珍果。

公司现有育苗温室大棚 108 栋、日光温室 28 栋、连栋温室 2 栋。公司技术力量雄厚，与日本专家和北京市农林科学院、中国农业大学都有合作，并与中国农业大学合作在公司建立了"北京科技小院"，为公司提供直接的技术支持。公司种植的是日系草莓，拥有 20 多个品种，如皇家御用、点雪、衣紫、隋珠等，品种特性优良，口感独特，香味浓郁，回味无穷，已获得广大顾客的好评。

二、品牌荣誉

2022 年获得"北京市新技术新产品"登录，荣获"北京市生态农场"称号，成为北京冬奥运会和残奥运会农产品服务保障单位；2021 年被评为"北京市扶贫协作先进集体"；2020 年荣获第十九届中国草莓文化旅游节金奖。

三、产品特点

"万德庄园"品牌草莓品种多数是独家引进的日本品种，品质高口感好，诸如御用、隋珠、点雪、衣紫等。而且品种特性优良，产量高，抗病虫害能力强，栽培及管理方式简易。使用的肥都是有机肥，用的药都是低毒低残留的生物农药和矿物农药，确保了草莓的品质。此外，公司还采用智能农场数字化管理系统，并采取标准化生产方式种植草莓，为生产出优质草莓奠定了良好的基础。

四、供应周期

11 月至翌年 5 月

五、推荐贮藏和采摘方法

【贮藏方法】采摘回来的草莓不要洗，然后在 0 ～ 3℃冷藏贮藏，保持一定恒温，切忌忽冷忽热。

【食用方法】鲜食。

六、采购渠道信息

北京万德园农业科技发展有限公司

联系地址：北京市昌平区小汤山航空博物馆西侧

联 系 人：张立志

联系电话：15699750551；010-60701580

⊙ 企业品牌——鑫城缘

登录编号：BJYN-QY-2021034

农业让生活更美好，农村让城市更有新意
鑫城缘农产品，您的品质之选

一、品牌简介

北京鑫城缘果品专业合作社位于昌平区草莓产业基地核心区兴寿镇西新城村，是一家集果品生产、销售，以及采摘、农业技术服务、农民技术培训于一体的股份制农民专业合作社。合作社于 2008 年 3 月成立，现有社员 243 户，带动周边 500 户农户。2011 年通过申请成为昌平区首批"昌平草莓"国家地理标志保护使用单位。2014 年被评为"国家级农民专业合作社示范社"。于 2009 年通过无公害认证并注册"鑫城缘"商标。2022 年获得有机认证。合作社从 2012 年开始致力于都市现代农业建设，探索怎样实现草莓从农产品到农业礼品的转型。2014 年以来，合作社致力于探索农业体验课程开发和农民教育，与此同时打造自己的网络销售平台，并使用农业物联网，让消费者看得见生产的过程，以实现通过网络平台下单，并直接配送至消费者手中。

二、品牌荣誉

2015 年获国际农交会金奖；2017 年获国际农交会百个农产品品牌奖；2019 年获北京农业好品牌；2021 年入选"北京优农"品牌目录；2023 年获得北京草莓之星评选四星级。

三、产品特点

合作社以高产、优质、安全、高效为目标进行农产品生产，从种植品种上，不断引进筛选草莓优新品种，生产粉玉、京郊小白、隋珠、建德红等优新产品，为确保农产品的绿色安全，合作社把科学种植落实到生产的全过程，在农产品生产、包装、贮藏和销售各个环节，严把质量关，确保产品的安全生产。合作社成立农业社会化服务组织，在草莓生产产前、产中、产后进行标准化技术服务，为农业生产保驾护航。"鑫城缘"草莓为自然成熟、入口即化、软糯香甜、芳香四溢。

四、供应周期

草莓：12 月至翌年 5 月；蔬菜：全年。

五、推荐贮藏和食用方法

【贮藏方法】保鲜保存 3～5 天。

【食用方法】鲜食。

六、采购渠道

北京鑫城缘果品专业合作社

联系地址：昌平区兴寿镇西新城村

联 系 人：崔天鋆

联系电话：15811237234

登录编号：BJYN-QY-2021035

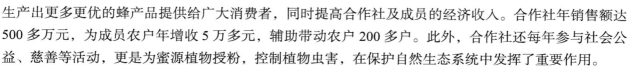

天然成熟蜜　健康最给力

一、品牌简介

"赤萝秀"取自"生态天然"的寓意。"赤"指红色，代表作物生长繁茂，花朵盛开；"萝"指包罗万象，代表各种作物与蜜蜂息息相关；"秀"指清秀、聪明，表示自然无污染、品味天然食品，也预示着产品来源于原生态和品质步步高升。

2014—2023 年连续多年评为国家级示范社单位。2018 年获得赤萝秀"好品牌"称号，同年蜂产品提升为"无公害认证"蜂产品，受到了农业部门、林业部门及中国蜂产品协会的表彰和鼓励。

目前，合作社已发展蜂群总量达 3 万多群，年产蜂蜜 800 多吨、王浆 5 吨、花粉 2 吨。依据深山区蜜源植物丰富的特性，提升优质蜂产品的能力，保障生产出更多更优的蜂产品提供给广大消费者，同时提高合作社及成员的经济收入。合作社年销售额达 500 多万元，为成员农户年增收 5 万多元，辅助带动农户 200 多户。此外，合作社还每年参与社会公益、慈善等活动，更是为蜜源植物授粉，控制植物虫害，在保护自然生态系统中发挥了重要作用。

二、品牌荣誉

2023 年获得国家级示范社称号；2021 年获得无公害生产基地称号，并加入中国蜂产品协会、入选"北京优农"品牌目录。

三、产品特点

合作社的蜂产品严格按照国家食品质量卫生标准执行，在收获时禁止在不合理时期进行收获；运输工具保持清洁、干燥，有防雨设施，严禁与有毒、有害、有腐蚀性、有异味的物品混运；贮藏设施清洁、通风、无虫害和鼠害，严禁与有毒、有害、有腐蚀性、易发霉、发潮、有异味的物品混存；包装符合国家关于食品包装的卫生管理规定；分类按照品种、级别码放整齐，并进行分类管理。在基地推广建立蜜源追溯体系，建立养蜂农户可溯源跟踪，实现了蜂业生产的高质量、高收入。地理位置优越，该基地附近，周围数十公里没有工业污染，植被覆盖率高，空气清新，泉水清澈，植被生长旺盛，蜜源植物品种丰富，属原生态区域，整体生态环境非常适合生产优质蜂产品。

四、供应周期

全年。

五、推荐贮藏和食用方法

【贮藏方法】阴凉、干燥、密封。蜂蜜结晶属正常现象，不影响食用。

【食用方法】每次取食 10 ～ 30 克，溶入温开水、牛奶、豆浆、果汁或抹面点食用。

六、采购渠道信息

北京金华林养蜂专业合作社

联系地址：北京市昌平区南口镇西李庄村 300 号

联 系 人：刘秀利

联系电话：13716443060

益农网推广

⊙ 企业品牌——军都山

登录编号：BJYN-QY-2021036

军都山苹果　农业好品牌　脆甜可口

一、品牌简介

军都山红苹果专业合作社于 2007 年成立，注册资金 106.39 万元，注册商标"军都山"，经营范围涵盖：果树种植、生产资料采购、农业技术培训、技术服务、销售蔬菜水果和农药苗木、病虫害防治服务等。目前，合作社共有社员 150 多户，果园 3 000 余亩，果品种类涉及苹果、樱桃、李子、桃等，总产量 1 200 吨、总产值 900 万元，其中富士苹果已通过 ISO 9001:2000 认证，荣获北京奥运会推荐果品、第三届苹果节金奖等荣誉，形成了以苹果为主的多元化果品种植结构。

合作社在社长张启营及二代新农人张增阔的带领下，为周边果农提供从种到收的一系列指导及服务，始终本着"一切从农户利益出发，服务农户，致富大家"的宗旨，以市场为导向真抓实干，制定了"合作社＋基地＋农户＋标准"的创新发展模式，努力打造"军都山"品牌，充分发挥合作社服务社员的职能，助力社员增收致富。

二、品牌荣誉

2020 年获北京市富士二系组金奖、北京市新优品种组优秀奖、北京市传统品种组优秀奖，并被评北京市十佳合作社；2017 年获北京市农业好品牌。

三、产品特点

"军都山"红富士苹果品种具有果型大、着色好、果香、味浓、耐贮藏等优点。在果品的种植上，合作社采取了苹果套袋、铺反光膜、秋施有机肥等一系列新技术，使富士苹果的质量得到提升。此外，对果树全部施用有机肥，浇水也是采用本地区可以与矿泉水相媲美的地下水，所以生产的果品均达到了"安全、绿色"果品标准，而且其中的富士苹果已通过 ISO 9001:2000 国际管理体系认证以及无公害农产品认证。

四、供应周期

10 月成熟，能供应到下一年春节。

五、推荐贮藏和食用方法

【贮藏方法】5℃以上阴凉避风贮藏。

【食用方法】洗净后直接食用。

六、采购渠道信息

北京军都山红苹果专业合作社

联系地址：北京市昌平区崔村镇真顺村

联 系 人：张增阔

联系电话：15210078200

创新、绿色、协调、低碳、开放共享的帝都品质生活

一、品牌简介

北京圣泉农业专业合作社（下称"圣泉农业"）成立于2015年，位于昌平区南口镇红泥沟村村南，占地约7.5公顷，拥有32个日光温室标准大棚。合作社自成立以来，坚持绿色、可持续发展理念，以服务农民增收和市民生活为目标。红泥沟村的土壤因历史积淀而形成红泥土，红泥土中铁的含量是普通黄土铁含量的12倍。为此，合作社深入挖掘红泥沟村历史文化，并借助红泥土的特性引入"文化""旅游""生态""养生"等元素，把红泥融入蔬果生产、乡土文化之中，大力生产富铁蔬果，着力发展"红泥＋阳台蔬菜"特色农业、休闲采摘、农业科普培训等产业。合作社于2015年注册了"红泥乐农场"商标。

二、品牌荣誉

2021年入选"北京优农"品牌目录；2018年获评北京市农业好品牌、最受网友喜爱的草莓采摘园、北京市乡村旅游特色业态——采摘篱园、北京市优级农业标准化园区、北京市蔬菜病虫全程绿色防控示范基地、产销优秀会员等。

三、产品特点

合作社利用红土资源铁元素含量较高的特点，着力种植富铁的优质农产品，如阳台盆栽蔬果、绿色蔬菜、草莓、樱桃、葡萄、火龙果、食用菌、花生芽等，以丰富城市的农产品供应。

四、供应周期

全年。

五、推荐贮藏和食用方法

【贮藏方法】花生芽采收后放在黑色不透光的塑料袋或者密封的容器内，贮藏在冰箱保鲜层；阳台盆栽果蔬，按照果蔬的生长习性养护，即采即吃；草莓，在保鲜盒内放上纸巾，将草莓放入保鲜盒密封，存放在冰箱即可。

【食用方法】花生芽可以生吃、蘸酱、凉拌、爆炒、炒肉等。

六、采购渠道信息

北京圣泉农业专业合作社

联系地址：北京市昌平区南口镇红泥沟村村南

联 系 人：崔全胜

联系电话：13701114449

◉ 企业品牌——天润园

登录编号：BJYN-QY-2021038

天润园草莓　让生活更健康

一生健康　健康一生

一、品牌简介

北京天润园草莓专业合作社成立于 2009 年。截至目前，合作社已吸收社员 99 户，带动周边农户 300 余户，农户分别分布于崔村、兴寿、百善、小汤山四镇。合作社在内部管理和草莓种植上不断开拓创新，以"天润园"为品牌，本着"公司＋合作社＋农户"的产业化发展模式，逐步加大市场开拓力度，充分发挥"合作"职能，积极为社员提供产前、产中、产后等服务。目前，合作社占地 280 亩，其中草莓基地 200 亩，建有草莓日光温室 90 余栋，平均年产量可达 125 吨；育苗基地 76 亩，建有育苗的棚 44 栋，每年可出种苗 300 余万株，同时建有 400 平方米加工车间、1 700 平方米冷库等配套实施，主要从事草莓生产活动。因此，该合作社是以设施农业生产为主，以示范应用推广农业高新技术为特色，集农产品生产销售、观光采摘、种苗繁育于一体的农业园区。

二、品牌荣誉

2017 年被评为"北京农业好品牌"；2019 年合作社入选"农民合作社 500 强排行榜"，而且合作社选送的圣诞红荣获国际品牌大会"全国十大好吃草莓"、天润园品牌荣获 2019 第九届北京最具影响力十大品牌；2021 年入选"北京优农"品牌目录；2022 年被评为"北京市昌平区科普示范基地"。

三、产品特点

"天润园"草莓有 30 多个不同品种，除了市面上常见的红颜之外，还有隋珠、甜查理、白草莓等新品种。目前合作社已发展成为以设施农业生产为主，以示范应用推广农业高新技术为特色，集农产品生产销售、观光采摘、种苗繁育于一体的农业园区。

四、供应周期

11 月至翌年 5 月。

五、推荐贮藏和食用方法

【贮藏方法】保鲜。

【食用方法】鲜食。

六、采购渠道信息

北京天润园草莓专业合作社

联系地址：北京市昌平区崔村镇大辛峰村东 1 000 米

联 系 人：夏秋桐

联系电话：13601005575

登录编号：BJYN-QY-2022004

 **安全 纯净 天然 健康**

一、品牌简介

北京金惠农农业专业合作社，其一直致力于"从田头到餐桌"的现代蔬菜产业链的打造，已形成了蔬菜种源、标准化种植、初加工、观光农业、连锁销售终端等产业链。其生产基地位于昌平区兴寿镇肖村。截至目前，合作社有入社社员207人，具有阳光温室362栋，土地面积约为1 700余亩，带动周边300余农户，主营品种有蔬菜、草莓、食用菌，还含有樱桃、桃、杏等果品，而且现已在周边数十个高档社区、超市、企业达成合作。

合作社采用规范化生产管理模式，从生产前培训到生产作业中细致指导。2015年，合作社注册了"御享"商标，并遵循"安全 纯净 天然 健康"的四大原则，采用社区支持农业（CSA）的经营理念，倡导健康、自然的生活方式，并希望建立会员与基地和谐发展、相互信任的关系，为会员提供健康、安全的农副鲜品，并通过订单式销售、合同式生产等方式，合理整合合作社社员资源，制订种植计划，以销售定种植规模及品种，通过合理安排来减少浪费，进而为合作社社员带来稳定的收益。

二、品牌荣誉

2023年在"2023北京休闲农业行业明星榜单"中被评为杰出联农共富园区，并被确定为北京市生态农场；2022年入选"北京优农"品牌目录；2021年获评国家级农民合作社示范社，并通过绿色认证。

三、产品特点

主要通过土壤改良培肥、节水灌溉、精准施肥用药、废弃物循环利用、农产品收储运和加工等绿色生产技术模式和粘虫板、杀虫灯、性诱剂等病虫绿色防控技术，推动现代农业全产业链标准化。目前，合作社的新品种种类丰富，如口感番茄包括京采、雅典娜、得乐斯等。

四、供应周期

全年。

五、推荐贮藏和食用方法

【贮藏方法】冷藏。

【食用方法】鲜食。

六、采购渠道信息

北京金惠农农业专业合作社

联系地址：北京市昌平区兴寿镇肖村

联 系 人：杨　洋

联系电话：13810998283

产品品牌——古韵流村

登录编号：BJYN-CP-2022005

古韵流传　回味百年

一、品牌简介

柳东伟，一位 80 后新农人，也是一位合作社理事长，将流转的 60 亩土地全部种上了黄花菜，第二年，每亩便收获了 1 000 余千克。如今，他已有 300 亩的黄花菜种植基地。柳东伟于 2015 年 12 月成立北京古韵流村食品科技有限公司，主要加工调味酱如黄花酱、栗蘑酱等产品；酱腌菜泡菜如菊芋、甘露、萝卜、酸白菜、豆角等产品；蔬菜干品加工如干蘑菇、干黄花等产品，创建了"古韵流村"这一品牌。合作社以此为依托收购本地农产品，仅 2022 年就收购黄花菜约 200 吨，其他蔬菜如栗蘑、菊芋、甘露、萝卜等约 300 吨，水果约 5 吨，通过深加工形成销售额 400 多万元。

二、品牌荣誉

2022 年获乡村振兴专项组优秀奖，黄花菜取得绿色认证、休闲农业十大特色美食等荣誉，并入选"北京优农"品牌目录；2020 年被确定为低收入村特色农产品种植工加项目。

三、产品特点

流村镇其地理位置属于山区及浅山区，这里远离工业污染，纯净的种植环境，是农产品生产的最佳环境。"古韵流村"特色酱是由昌平区老岭沟村出产的黄花、栗蘑、香菇等食材，经过冷藏、清洗、烘干、晾制、泡发、制酱等流程制作而成。这里的黄花菜种植在海拔 800 米以上的高山冷凉地区，降水充沛、土地肥沃，特殊的地理位置、独特的气候孕育出个大、肉厚的黄花，制成的特色酱清脆爽口、营养下饭，令人食欲大增。

四、供应周期

全年。

五、推荐贮藏和食用方法

【贮藏方法】密封置于通风阴凉干燥处保存，避免阳光直射，开瓶后需冷藏。

【食用方法】黄花酱开盖即食。

六、采购渠道信息

北京古韵流村食品科技有限公司

联系地址：北京市昌平区流村镇北流村村东

联 系 人：柳东伟

联系电话：13811733857

大兴区
(18个)

大兴西瓜

大兴·农品
DAXING
AGRICULTURAL
PRODUCTS

宋宝森
北京市著名商标

乐苹

庞各庄世同
pang ge zhuang shi tong

兴庞农

李家巷
li Jia xiang

宏福
HONGFU
TOMATOES

伍各庄益农

赵家场春华

贾尚

四季阳坤
SI JI YANG KUN

益君

隆兴號
1688

400年太庙贡瓜　品质的传承

一、品牌简介

大兴西瓜历史悠久，明朝万历二十一年被列为皇宫太庙的荐新贡品，一直延续到清代。大兴西瓜的六个主产乡镇位于大兴区西部的永定河沿岸，其土质主要是沙土和沙性两合土，不仅有利于西瓜对水分、矿物质等营养物质的吸收，促进根系发育，而且有利于糖分的积累，含糖量明显高于普通西瓜，而且瓤质酥脆多汁。近年来，在"西瓜之乡"庞各庄镇建成了"瓜乡大道""御瓜园""中国西瓜博物馆"等标志性建筑，而且将生产与销售有机衔接、文化与历史集中展示，构成了一部极具现代时尚与历史底蕴的西瓜文化经典。

二、品牌荣誉

2022年大兴西瓜集约化育苗关键技术集成提升与推广项目荣获北京市农业技术推广奖二等奖；2021年荣获第十八届中国国际农产品交易会最具影响力品牌；2021年入选"北京优农"品牌目录。

三、产品特点

大兴西瓜产量高、含糖量高、瓤质酥脆多汁。大兴西瓜以小果型西瓜品种为主体，主要有L600、京美2K等品种，具有挂果期长、风味佳、耐贮运等特点，配套彩色瓜瓤、多色果皮的京彩系列、炫彩系列等特色品种。

四、供应周期

4—6月、9—10月。

五、推荐贮藏和食用方法

【贮藏方法】在室温下保持干燥通风，避免高温高湿环境，也可放置冷库中贮藏。

【食用方法】鲜食。

六、采购渠道信息

1.北京市大兴区种植业技术推广站
联系地址：北京大兴黄村兴政东里甲5号
联 系 人：芦金生　联系电话：010-69262588

2.北京老宋瓜果专业合作社
联系地址：北京市大兴区庞各庄镇南李渠村
联 系 人：宋绍堂　联系电话：13301368023

3.北京赵家场春华西甜瓜产销专业合作社
联系地址：北京市大兴区北臧村镇赵家场村东街1号
联 系 人：王丽丽　联系电话：13716239951

4.北京四季阳坤农业科技发展有限公司
联系地址：北京市大兴区庞各庄镇张公垡村北街28号
联 系 人：刘福娟　联系电话：13911252315

◉ 区域公用品牌——大兴农品

登录编号：BJYN-GY-202106

天下良品　食在大兴

一、品牌简介

"大兴农品"是由大兴区农业农村局创建的品牌。研究、制定"大兴农品"系列农产品在生产、加工等方面的区域性准入标准，指导、监管农产品供应基地的标准化生产，目的是发挥科技和人才等资源优势，发展高端高效农业，提高农产品的科学技术、文化创意、精深加工以及安全绿色附加值，提升"大兴农品"系列农产品的市场竞争力。

二、品牌荣誉

2021 年入选"北京优农"品牌目录。

三、产品特点

大兴区农业会社中心依托"大兴农品"区域品牌，着力打造大兴区农产品对外宣传窗口，打造 5S 基地服务站模式，建立全链式农产品流通服务体系。积极推进农超、农社、农企、农宅等形式的产销对接，组织合作社、龙头企业在北京市社区设立鲜活农产品直销网点，组织开展"互联网 +"的网络营销和会展推介等线下线上营销新模式。通过打造"大兴农品"品牌和农产品营销公共服务平台，大力推销大兴区优质农产品，提高农产品中高端市场占有率。

四、供应周期

全年。

五、推荐贮藏和食用方法

【贮藏方法】冷藏。

【食用方法】鲜食。

六、采购渠道信息

大兴区农产品营销中心

联系地址：北京市大兴区庞各庄镇东黑垡村东

联 系 人：张　亮

联系电话：13701101841

登录编号：BJYN-QY-2021050

一品好瓜　生活优加

一、品牌简介

"宋宝森"及肖像商标注册于 2001 年，由北京老宋瓜王科技发展有限公司授权"北京老宋瓜果专业合作社"使用。生产基地位于中国西瓜特产之乡庞各庄，是国家地理标识产品。其西瓜产业园区占地 120 亩，合作社员 472 户，入社土地种植面积 2 200 亩，外埠基地 2 000 亩。

二、品牌荣誉

2021 年入选"北京优农"品牌目录。

三、产品特点

老宋瓜王的明星产品：L600、老宋京彩。

L600：小果型红瓤西瓜，单果重 1.5 ～ 2.5 千克，适合现代家庭结构，一顿一个。其皮厚 0.3 厘米，而且籽少、水分足、口感沙脆、甜度 12.5 度。

老宋京彩：小果型橙瓤西瓜，富含高 β- 胡萝卜素、叶黄素。β- 胡萝卜素是普通西瓜的 5 倍，叶黄素是普通西瓜的 13 倍，有助于人体对维生素 A 的吸收，甜度适中，为 11.5 ～ 12.5 度，瓤色橙黄、风味独特。

四、供应周期

全年。

五、推荐贮藏和食用方法

【贮藏方法】：25℃常温贮存 7 天左右，15℃贮存 12 天左右。

【食用方法】：鲜食、榨汁。

六、采购渠道信息

北京老宋瓜果专业合作社

联系地址：北京市大兴区庞各庄镇瓜乡桥向东 2 公里

联　系　人：宋绍堂

联系电话：13301368023

◎ 企业品牌——乐苹

登录编号：BJYN-QY-2021051

乐苹瓜果　乐在健康
天然品质　乐平打造

一、品牌简介

"乐苹"是以公司董事长冯乐平名字命名的品牌名称，寓意为快乐、平安。其商标由字母、汉字和图案组成，其中"LP"是"乐苹"二字的拼音首字母，椭圆形图案类似西瓜形状，与字母和汉字浑然一体，给人以美的感观，也体现了公司最初的主营业务。公司现有 30 000 平方米的现代化联栋温室、13 000 平方米的万吨级冷藏保鲜库和 3 000 平方米的配套加工车间。目前，北京地区自有种植基地 3 000 亩，其中绿色种植基地 700 亩，市级优级标准化基地 500 亩，有机种植基地 147 亩。

二、品牌荣誉

2021 年入选"北京优农"品牌目录；2020 年被评为全国最美绿色食品企业。

三、产品特点

产品品种有 L600、京彩系列、北农佳丽、京颖、橘子西瓜等。在种植过程中，采用高密度栽培技术，蜜蜂授粉，一藤一瓜，不使用任何催熟技术，自然成熟，从而生长出来的西瓜酥脆爽口、甘甜多汁、果型周正、皮薄、纹路清晰，心糖和边糖梯度小，心糖约 13 度。

四、供应周期

全年。

五、推荐贮藏和食用方法

【贮藏方法】常温阴凉通风干燥处贮存。

【食用方法】切开即食。

六、采购渠道信息

北京庞各庄乐平农产品产销有限公司

联系地址：北京市大兴区庞各庄镇四各庄村南

联 系 人：杨雪建；张艳素

联系电话：13811926799；13552733565

登录编号 BJYN-QY-2021052

庞各庄世同
pang ge zhuang shi tong

深耕 29 年　只为 1 颗好瓜

一、品牌简介

北京庞安路西瓜专业合作社于 2007 年成立，被评为北京市好品牌、国家级示范社。合作社以西瓜种苗、种植西瓜、销售西瓜为主，采摘、批发、电商、预售等多种方式经营。合作社园区种植面积 46.8 亩，辐射周边421 户农民从种苗到销售闭环管理，以生态、安全、绿色为生产标准统一种植和销售。此外，合作社外埠基地种植面积 2 000 余亩，分别位于内蒙古、甘肃、山东、东北三省等多地。

二、品牌荣誉

2021 年入选"北京优农"品牌目录；2020 年被中国果品流通协会授予"果业扶贫优秀品牌"；2020 年被北京市扶贫协作和支援合作工作领导小组授予"北京市扶贫协作奖——社会责任奖"。

三、产品特点

合作社生产的西瓜具有酥、脆、沙等特点，瓜味浓郁，入口清香回甘；150 天超长生长周期，口感高于市面西瓜 20%；瓜香四溢，瓤口细嫩（果肉为粉色），小巧圆润，皮薄肉厚。

四、供应周期

全年。

五、推荐贮藏和食用方法

【贮藏方法】常温。

【食用方法】直接切开食用。

六、采购渠道信息

北京庞安路西瓜专业合作社

联系地址：北京市大兴区庞各庄镇东义堂村 41 号

联　系　人：张　妍

联系电话：15901220335

企业品牌——兴庞农

登录编号：BJYN-QY-2021053

兴庞农® 大兴西瓜　拂晓摘瓜　汁水丰盈

一、品牌简介

"兴庞农"品牌由北京庞农兴农产品产销专业合作社注册创立，且由合作社名称演变而来，一直以"兴旺庞各庄产业，带动农民致富"为经营理念。合作社位于大兴区庞各庄镇东南次村，于2008年登记注册。目前，合作社拥有6个暖棚，73个冷棚，占地98.7亩，主要以种植（L900、L600、麒麟）西瓜、销售西瓜为主。此外，合作社在云南、海南建有外埠基地，做到西瓜供应全年无缝对接，与盒马鲜生、京东生鲜、美团买菜、叮咚买菜、鑫荣懋、华联商超、OLE等商超签订合作协议。

二、品牌荣誉

2021年入选"北京优农"品牌目录，并获得国家级示范社称号；2020年被评定为全国农民合作社500强。

三、产品特点

合作社种植的西瓜以施用农家粪、麻酱饼渣、有机复合肥为主，配合合理浇水、及时预防病虫害，以及按时修剪、疏花、疏果等，生产的西瓜口感脆甜，汁水丰盈。

四、供应周期

全年。

五、推荐贮藏和食用方法

【贮藏方法】常温。

【食用方法】切开后食用。

六、采购渠道信息

北京庞农兴农产品产销专业合作社

联系地址：北京市大兴区庞各庄镇薛福路中段张公堡北口向东二百米

联 系 人：铁雪娇

联系电话：18310998893

登录编号：BJYN-QY-2021054

夏日漫长　西瓜清凉

一、品牌简介

"李家巷"商标注册于 2009 年，为北京李家巷西瓜产销专业合作社所有。商标名称使用大兴区庞各庄镇李家巷村名字命名，体现了庞各庄西瓜原产地的鲜明特点，也便于消费者记忆。从 2010 年至今，合作社积极探索品牌建设，追求产品改进和创新，迎合了高中低端各类市场，维持了一大批忠实消费者。

二、品牌荣誉

2023 年荣获全国西甜瓜擂台赛小型西瓜综合组冠军；2021 年入选"北京优农"品牌目录，并荣获全国西甜瓜擂台赛小型西瓜综合组冠军。

三、产品特点

小型西瓜 L600，外观圆润、表皮光滑、品相较好，中心糖度与边缘糖度梯度小，口感脆甜，耐储存。

四、供应周期

5—10 月

五、推荐贮藏和食用方法

【贮藏方法】常温或冰箱保鲜储存。

【食用方法】直接切开食用。

六、采购渠道信息

北京李家巷西瓜产销专业合作社

联系地址：北京市大兴区庞各庄镇小李瓜王采摘园

联 系 人：李冠霖

联系电话：15321999399

企业品牌——宏福柿

登录编号：BJYN-QY-2021055

只为更好生活

一、品牌简介

北京宏福农业科技有限公司（以下简称"宏福农业"）由北京宏福集团投资，位于北京市大兴区庞各庄镇。公司引进荷兰先进的现代温室建造技术、智能化生产设备，构建起了高产、高效、生态、优质和安全的农业生产体系，主要种植多品类番茄，种植过程中严格执行 Global G.A.P. 标准，确保产品的纯净与安全。

二、品牌荣誉

2023 年荣获"良好农业规范认证"；2021 年入选"北京优农"品牌目录，并分别通过"质量管理体系认证""环境管理体系认证"、职业健康安全管理体系认证、"食品安全管理体系认证"等；2020 年荣获北京市农业产业化重点龙头企业。

三、产品特点

宏福农业始终坚持不使用化学农药，采用熊蜂授粉、生物防治、无土栽培、饮用水灌溉，保证产品安全、无污染、无添加剂和激素。宏福农业在温室内种植多个优质番茄品种，包括红樱桃番茄、黄樱桃番茄等，硬度适中、口感偏甜，适合做零食、沙拉，口感和味道适合国人的口味，并兼具营养、安全与健康。

四、供应周期

全年。

五、推荐贮藏和食用方法

【贮藏方法】常温或冷藏。

【食用方法】烹饪或直接食用。

六、采购渠道信息

北京宏福国际农业科技有限公司

联系地址：北京市大兴区庞各庄镇曹各庄村

联 系 人：杜　瑞

联系电话：18404968248

登录编号：BJYN-QY-2021056

数载首都南菜园　四季立征春雨鲜

一、品牌简介

"立征春雨"是由合作社法人代表夫妇的名字组合而成的。北京立征春雨农业专业合作社成立于2008年，生产基地位于大兴区礼贤镇东黄垡村，生产面积168.5亩，年产量800余吨，是北京市优级农业标准化生产示范基地。合作社严格按照国家相关种植业标准进行生产，采用农业农村部全国种植业产品质量可追溯系统、物联网技术、产品检测系统、进销存和物资管理系统等，实现产品质量的可追溯、生产过程的可查询、生产环境的可智能化监测，以确保每批上市的农产品的合格率达到100%。

二、品牌荣誉

2021年入选"北京优农"品牌目录；2020年被认定为市级绿色农产品生产示范基地。

三、产品特点

黄瓜是即食瓜类蔬菜，通常可做腌制品、炒菜、凉拌、即食水果等。羊角蜜含有大量的矿物质、钾元素、糖分、维生素、纤维素等，夏天可以清热解暑、消肿除烦、利水渗湿等，还有消水肿、降低血压等功效。

四、供应周期

全年。

五、推荐贮藏和食用方法

【贮藏方法】可常温贮藏2～3天，也可存入冰箱保鲜，保持2～5℃即可。

【食用方法】鲜食。

六、采购渠道信息

北京立征春雨农业专业合作社

联系地址：北京市大兴区礼贤镇东黄垡村

联 系 人：袁立征

联系电话：13910807655

企业品牌——伍各庄益农

登录编号 BJYN-CP-2021057

伍各庄益农

绿色蔬菜一品鲜　健康生活每一天

一、品牌简介

北京伍各庄益农农业专业合作社成立于 2010 年。"伍各庄益农"以"地域名称 + 发展理念"组成，秉承"生产面积规模化、技术水平专业化、生产管理规范化"的现代生产理念，探索"公司 + 合作社 + 农户"的利益连接机制，带动当地农户 120 户，提供就业岗位 40 个。合作社主要种植无公害香菜、蒿子秆、生菜、菠菜等叶类蔬菜，现与多家餐饮企业合作，开展订单生产。合作社现有生产基地 1 200 余亩，分布在北京、天津、河北、内蒙古等地，年产量 2 000 吨，年产值 800 多万元。2019 年，合作社积极响应政府号召主动来到内蒙古锡林郭勒盟正镶白旗投身京蒙对口扶贫工作。

二、品牌荣誉

2021 年入选"北京优农"品牌目录，并被评为北京市扶贫协助先进集体；2020 年 12 月被市区两级妇联评为北京市"双学双比"示范基地。

三、产品特点

合作社生产的叶菜类蔬菜采用节水灌溉技术，如滴灌、喷淋，改变以往传统的漫灌，节水率达到 60% 以上，使用率 100%。

四、供应周期

全年。

五、推荐贮藏和食用方法

【贮藏方法】冷藏。

【食用方法】涮、清炒、凉拌。

六、采购渠道信息

北京伍各庄益农农业专业合作社

联系地址：北京市大兴区礼贤镇伍各庄路西二条 3 号

联 系 人：王金红

联系电话：15116906611

登录编号：BJYN-QY-2021058

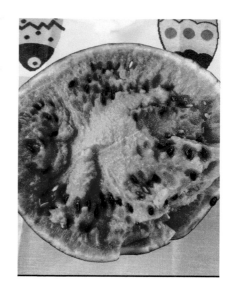

想吃地道大兴瓜　永定河畔找春华

一、品牌简介

"赵家场春华"由北京赵家场春华西甜瓜产销专业合作社注册创立。"赵家场"是永定河畔的一个村庄，"春华"象征着硕果累累，春华秋实。合作社秉承现代化生产经营理念，充分挖掘永定河农耕文化，并将农业系统、生态系统、人文景观系统相统一，形成了农业生产、观光休闲、采摘及农事活动体验等多业态相融合的发展模式。近年来，为推动地区农业产业化发展，合作社积极开展西瓜、蔬菜新品种和新技术示范推广，同时采取"文化＋产业＋旅游"的捆绑经营模式，以永定河文化为切入点，以打造"最美左堤路""永定河文化旅游观光带"为契机，逐步形成了集旅游观光、农业生产、生态修复和优秀文化传承等功能为一体的新型农业园区。

二、品牌荣誉

2021年入选"北京优农"品牌目录。

三、产品特点

合作社的主要产品有小西瓜（L600、L800、L1000、京彩系列）、大西瓜（京欣系列）、番茄、红薯等。西瓜年产量500吨。番茄、红薯（西瓜红、烟薯、紫薯等品种）的上市时间均为5月初，产品甜度高，味道好，深受消费者好评。

四、供应周期

每年两季（春茬、秋茬）。

五、推荐贮藏和食用方法

【贮藏方法】冰箱冷藏。

【食用方法】直接食用或蒸煮后食用。

六、采购渠道信息

北京赵家场春华西甜瓜产销专业合作社

联系地址：北京市大兴区北臧村镇永定河堤内

联 系 人：王丽丽

联系电话：13716239951

企业品牌——凤河源

登录编号：BJYN-QY-2021059

凤河流域凤河源
打造生态农业品质源泉

一、品牌简介

清光绪《顺天府志·河渠志》记载，凤河源出南苑，团河行宫内的湖、泉是凤河的主水源，因其形如凤而得名。凤河两岸有几十个以"营"定名的村落，大都是明初从山西移民至此，祖祖辈辈为宫廷养殖鸡、鸭、鹅类，形成了"凤河移民文化"。2020 年 4 月，由小黑垡村、上黎城村、潞城营三村、赤鲁村、北蒲州营村等五个村党支部联合发起，成立北京市凤河联盈农业专业合作社联合社，使用"凤河源"商标经营生态蔬菜、生态水果、散养鸡蛋、泰丰肉鸽等长子营镇自产的特色农产品，广受市民好评，从而"凤河源"也成为北京市著名的农业品牌。

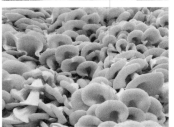

二、品牌荣誉

2021 年联合社被列为全国社会化服务创新试点单位；2021 年入选"北京优农"品牌目录。

三、产品特点

番茄（京采 6 号），口感极佳，酸甜可口，番茄味特别浓，单果重 150～200 克，成熟果粉红色；柴鸡蛋（北京油鸡），人工饲养，营养价值颇高，蛋黄比例高，蛋清黏稠紧密，营养成分和卵磷脂的含量比较高。

四、供应周期

全年。

五、推荐贮藏和食用方法

【贮藏方法】保鲜贮存。

【食用方法】番茄：生食口感较佳；柴鸡蛋：水煮蛋营养价值最高。

六、采购渠道信息

北京凤河联盈农业专业合作市联合社

联系地址：北京市大兴区长子营镇上长子营村凤安路西十一排七号

联 系 人：宋晓雪

联系电话：18310277091

登录编号：BJYN-QY-2021060

贾 尚

引领果蔬好品质 专注健康好品牌

一、品牌简介

"贾尚"品牌以北京安定贾尚种植有限公司负责人贾尚的名字命名，其商标由汉字和图案组成，圆形图案类似梨形，古朴美观，体现了公司最初的主营业务和经营者的初心。目前，公司自有面积343亩，合作农户面积1 348亩。2006年申请了果品有机认证，2009年转换为有机园区，培育的果品获得过260多个奖项，成为梨产业的佼佼者。

二、品牌荣誉

2023年基地负责人陈静获得北京市第六批有突出贡献的农村实用人才；2021年入选"北京优农"品牌目录，并且"华山"梨获得北京市精品梨大赛特等奖、"圆黄"梨获得北京市精品梨大赛金奖、"雪青"梨获得北京市精品梨大赛银奖。

三、产品特点

雪青梨：果皮非常细腻，口感甜糯，果肉洁白，细嫩而脆，石细胞少，无渣，汁多；新水梨：幼果期果实褐色，有着独特的花香味；樱桃：呈暗红色，肉厚，果实硕大坚实而多汁，入口甜美；雪梨膏：原料采自大兴梨，每一瓶梨膏用3.5千克纯梨熬制而成，古法熬制，九道工序，滴滴精华，润肺止咳。

四、供应周期

4月至翌年2月。

五、推荐贮藏和食用方法

【贮藏方法】5℃冷藏。

【食用方法】梨可鲜食，可炖银耳雪梨，可做秋梨膏。

六、采购渠道信息

北京安定贾尚种植有限公司

联系地址：北京市大兴区安定镇后安定村

联 系 人：陈 静

联系电话：13683064416

◉ 企业品牌——盛世杰

盛世农业　不忘初心

一、品牌简介

品牌 logo 包含盛世杰大写英文首字母 SSJ，并把 J 放在中间位置，代表盛世杰要成为农产品供应链品牌的中坚力量、要有杰出表现，符号为绿色叶片、金黄色土地，代表农业的丰收。北京盛世杰农业发展有限公司成立于 2014 年，占地面积 251 亩，是集蔬菜新品种引进与推广、休闲观光采摘、社区生鲜连锁加盟直营、社区蔬菜直通车、社区团购直送、特殊时期应急保障于一体的产供销一体化综合性园区。公司的特色种植品种有盆栽蔬菜、番茄、黄瓜、西瓜、珍稀菌类等。

二、品牌荣誉

2022 年入选"北京优农"品牌目录；2022 年被认定为北京科技示范基地；2021 年荣获北京市商务局颁发的疫情保供感谢信荣誉单位、北京市休闲农业四星级园区等。

三、产品特点

黄瓜和番茄：水果黄瓜果实中可溶性固形物含量达到 4.5% 以上，口感型番茄可溶性固形物含量达到 7% 以上；无土盆菜：运用有机营养基质种植，没有土传病虫害，生长环境好，不使用化学药剂，无农药残留，可达到有机食品标准。

四、供应周期

全年。

五、推荐贮藏和食用方法

【贮藏方法】盆栽蔬菜，放置于阳台即可，随吃随摘；番茄最佳保存温度是 10℃左右，最好不要低于 8℃。

【食用方法】盆栽蔬菜，可以直接清炒；番茄可直接食用或炒菜。

六、采购渠道信息

北京盛世杰农业发展有限公司

联系地址：北京市大兴区魏善庄镇西沙窝村南环路 1 号

联 系 人：张吉章

联系电话：13901390615；010-89280779

登录编号：BJYN-QY-2022007

绿色引领时代　健康成就未来

一、品牌简介

2017 年注册"四季阳坤"商标，标志设计打破传统思维，柔和多边形的轮廓给人以无尽遐想，中间似苗壮成长的菜苗，说明农业行业属性，菜苗下方似丰收的原野，就像升起的太阳，中间白色弧线寓意企业不断创新。"四季阳坤" 4 个字指一年四季种植蔬菜瓜果，吸收天地精华，培育优质蔬菜。

二、品牌荣誉

2022 年被确定为冬奥会、冬残奥会服务保障供应单位，并入选"北京优农"品牌目录；2021 年荣获"京津冀"鲜食黄瓜擂台赛水果黄瓜三等奖。

三、产品特点

公司秉承绿色生态的种植理念，在产前、产中、产后严格按照绿色食品的种植标准执行，实现全程标准化生产。与北京市农林科学院、农业技术推广站等相关部门进行联合实验，进行品种创新培优，并选育优质品种，大力推广新品种和进行集约化特色种植。公司主要培育的蔬菜品种包括甘蓝、菜花、番茄、黄瓜、辣椒、生菜、黄芯白菜、黄芯娃娃菜、西兰花、贝贝南瓜、冰激凌萝卜等特色品种。经过几年时间的筛选，目前推广的品种有：口感番茄、奶黄瓜、贝贝南瓜、冰激凌萝卜、皱皮椒、原苗西瓜等。

 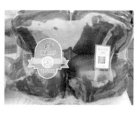 

四、供应周期
全年。

五、推荐贮藏和食用方法
【贮藏方法】冷藏。
【食用方法】生食。

六、采购渠道信息
北京四季阳坤农业科技发展有限公司

联系地址：北京市大兴区庞各庄镇西南次村北街 8 号
联 系 人：刘福娟
联系电话：13911252315

◎ 企业品牌——益君

登录编号：BJYN-QY-2023006

 民以食为天　吃肉找资源

一、品牌简介

北京资源亚太食品有限公司成立近二十年以来，全力践行"服务于人类的健康事业"的理念，以创建"绿色的资源、中国的资源、世界的资源"为愿景，生产的"益君"牌冷却肉已成为北京市猪肉行业的强势品牌，占据北京市 20% 左右、大兴区 70% 左右的市场份额，成为政府机关、企事业单位、学校及餐饮企业的专用猪肉，并在美廉美、物美、联华等多家连锁超市均有销售，在北京大兴区拥有 100 多家"益君"资源安全猪肉连锁店。

二、品牌荣誉

2023 年入选"北京优农"品牌目录；2021 年被评定为大兴区绿色信用四星级企业；荣获 2020 年度北京高校食品原材料联合采购优秀供应商称号。

三、产品特点

在品种培优方面：公司选用湘西黑猪；在品质提升方面：做大健康时代精品黑猪肉的代表；在品牌打造方面：公司每年均组团参加国内的各种大型食品博览会推介"益君"品牌；在标准化生产方面：公司率先引进世界一流生猪屠宰、分割生产线。

四、供应周期

全年。

五、推荐贮藏和食用方法

【贮藏方法】冷藏或冷冻保存。

【食用方法】煎炒烹炸。

六、采购渠道信息

北京资源亚太食品有限公司

联系地址：北京市大兴区黄村镇西磁村

联 系 人：王新磊

联系电话：13581916356

企业品牌——美丹

吃饼干　找美丹

一、品牌简介

北京市美丹食品有限公司是集研发、生产、设计、销售于一体的大型现代化农业产业化烘焙食品生产企业，产品专注于微生物发酵技术，独家取得了多项专利，以倡导自然、健康、休闲的食品文化。"美丹"产品不仅覆盖全国 25 个省市的 1 000 多处销售网络，并提供完善配套的售后服务，而且还出口非洲、韩国、澳大利亚、日本、美国等国家和地区。

二、品牌荣誉

2023 年入选"北京优农"品牌目录，并被认定为科技型中小企业；2022 年被评为北京农业产业化产业带动示范龙头企业；2021 年入选高新技术企业；2021 年入选北京市农业信息化重点龙头企业；2021 年入选中国焙烤食品糖制品行业（饼干）十强企业。

三、产品特点

饼干类产品：包括苏打饼干、早餐饼干、酥性饼干、消化饼、韧性饼干、曲奇饼干、夹心、蛋卷等。

烘焙类糕点：主要为松塔系列。

膨化类产品：主要有油炸膨化类、焙烤膨化类等。

四、供应周期

全年。

五、推荐贮藏和食用方法

【贮藏方法】阴凉、避光、通风、干燥处常温存放。

【食用方法】开袋即食（如有漏气或其他质量问题请勿食用）。

六、采购渠道信息

北京市美丹食品有限公司

联系地址：北京市大兴区庞各庄镇工业区 10 排 19 号

联 系 人：陈小娜

联系电话：13301157030

⊙ 产品品牌——方庄隆兴号

登录编号：BJYN-CP-2023003

清代京酒属大兴　大兴好酒属隆兴號

一、品牌简介

北京隆兴号方庄酒厂有限公司是北京老字号优秀企业，是北京市非物质文化遗产、中华人民共和国出口企业、工业科技旅游示范企业。隆兴号种酒公园、隆兴号酒馆传承大兴南路烧（源于 1688 年）传统烧锅酿酒技艺，是皇城四十里内正在酿造的古烧锅。公司的注册资金 3 000 万元，年产优质白酒 3 万吨。公司的白酒文化产业园占地 350 亩，主要生产清香型隆兴号沙土酒、桑葚酒、隆兴号橡木酒等共计 160 多个品种，全国各地拥有 800 余家代理商，具有多年白酒出口资质，产品远销多个国家和地区。

二、品牌荣誉

2023 年入选"北京优农"品牌目录；2022 年荣获老字号大工匠、酿酒大工匠等荣誉；2021 年大兴南路烧白酒酿制技艺正式列入北京市非物质文化遗产名录。

三、产品特点

传统大兴南路烧白酒酿制不仅选取永定河流域丰富的地下水系，而且在选料、制曲、发酵、地缸、青砖小窖池蒸馏、勾调、贮存等环节均有独到之处，形成了南路烧独特的酿造技艺。

四、供应周期

全年。

五、推荐贮藏和食用方法

【贮藏方法】常温储存。

【食用方法】直接饮用。

六、采购渠道信息

北京隆兴号方庄酒厂有限公司

联系地址：北京市大兴区黄村镇桂村富贵路 3 号

联系人：尤　婷

联系电话：18614021713

怀柔区
（10个）

怀柔板栗

登录编号：BJYN-GY-202104

怀柔板栗 怀柔板栗 栗栗美味

一、品牌简介

怀柔板栗历史悠久，文化积淀深厚，记载栽培技术的文字可追溯到两千多年前，明、清两代一直作为皇家贡品。清代《日下旧闻考》中记载："栗子以怀柔产者为佳。"司马迁曾在《史记》中对幽燕地区盛产栗子有过记述，唐代怀柔板栗被定为贡品，在明代中期，广植树木"构筑"了另一道"绿色长城"。目前，怀柔区栽植板栗树 22 万亩，900 万株，常年产量约 1 万吨。怀柔区板栗产量和出口量均占北京市的 60% 以上，产量占燕山板栗总产量的 7% 左右。怀柔板栗栽培品种以怀黄、怀九、燕红、3113 为主。

二、品牌荣誉

2021 年入选"北京优农"品牌目录；2020 年怀柔板栗中国特色农产品优势区被认定为中国特色农产品优势区。

三、产品特点

初级农产品外在特征：板栗，小枝灰褐色，托叶长圆形，壳斗大，球形，外生棘刺，坚果 2～3 个，生于壳斗中。

产品独特：营养丰富，高热量、低脂肪、高蛋白质、不含胆固醇。

产品特性特点：皮薄色亮、肉质细腻、甜糯可口。

四、供应周期

初级农产品：10 月成熟。

深加工产品：全年供应。

五、推荐贮藏和食用方法

【贮藏方法】初级农产品避光低温保存，深加工产品避光常温保存。

【使用方法】炒食或者鲜食。

六、采购渠道信息

1.北京老栗树聚源德种植专业合作社

联系地址：北京市怀柔区渤海镇渤海所村 1099 号

联 系 人：李思鹏 联系电话：15001150696

2.北京富亿农板栗有限公司

联系地址：北京市怀柔区庙城镇郑重庄 633 号

联 系 人：于小雨 联系电话：010-60697857

3.北京御食园食品股份有限公司

联系地址：北京市怀柔区雁栖经济开发区牤牛河路 71 号院；

联 系 人：雷艳云

联系电话：13683075538

◎ 企业品牌——红螺食品

登录编号：BJYN-QY-2021016

京味食品　百年红螺

一、品牌简介

北京红螺食品有限公司创立于 1909 年，前身为张爱萍将军亲自为其题词的"北京市果脯厂"。红螺食品以"百年红螺，惠农惠民"作为企业使命，立足本区，服务三农，目前形成了科研、技术、生产、品牌、文化的一体化经营。红螺食品是国家及北京市有关部门认定的"农业产业化国家重点龙头企业""全国农产品加工示范企业""北京市高新技术企业"。

二、品牌荣誉

2021 年被怀柔区工会认定为"区级创新工作室"、被中国食品工业协会品牌战略工作委员会授予"中国食品行业百年传承品牌"，北京红螺食品有限公司申报的北京果脯传统制作技艺被列入第五批国家级非遗代表性项目名录，并入选"北京优农"品牌目录。

三、产品特点

公司开发并上市的茯苓夹饼、薯仔、糖葫芦、各式休闲果干、低糖果脯、蜜麻花、糯米类等各类特色小吃产品，在传统果脯加工技术的基础上，不断研发改良果脯冷制技术，将高温热煮改为不用加热的冷制加工，营养成分保持在 90% 以上，并克服了原有果脯糖度高、黏度大、颜色暗、营养易流失等缺点，降低了产品甜度，增加了适口性，使原果风味和营养得以充分保留。尤其是低温冷制技术在果脯行业的应用，提升了国内果脯加工技术水平，并使茯苓夹饼在保持传统馅料原有风味和特色的基础上，得到了改造，解决了产品在货架期内由于饼皮吸湿返潮引起的发黏、发霉的技术难题。此外，在糖葫芦自动化生产线上研发生产出老北京小吃系列包括驴打滚、艾窝窝、蜜麻花、豌豆黄等十几种具有老北京特色的传统小吃产品，取得了显著成效。

四、供应周期

全年。

五、推荐贮藏和食用方法

【贮藏方法】阴凉干燥处保存。

【食用方法】打开即食。

六、采购渠道信息

北京红螺食品有限公司

联系地址：北京市怀柔区庙城镇郑重庄 631 号

联 系 人：田　军

联系电话：13811543073

登录编号：BJYN-QY-2021017

"一笔一划" 做中国好栗

一、品牌简介

北京老栗树聚源德种植专业合作社坐落于慕田峪长城脚下的怀柔区渤海镇渤海所村，是中国特色农产品示范区所在地。合作社从板栗延展及周边开发入手，产品线从初级农产品发展到开袋即食栗仁、板栗糕点等产品，并借助悠久的历史文化，打造"老栗树"品牌，将栗园游与工厂观光相结合，推动产业融合，密切文化和产业的联系。目前，老栗树园区对种植环境采用全维度监测，以打造数字栗园，并准确监测和控制板栗的生长环境和病虫害预警。在"老栗树"的推动

下，渤海镇被评为国家级的"一村一品"示范乡镇，提升了怀柔板栗的区域公用品牌价值。

二、品牌荣誉

北京市农业产业化重点龙头企业；2021年入选"北京优农"品牌目录，并且老栗树被北京市消费者协会评为诚信服务承诺单位；2020年北京老栗树聚源德种植专业合作社被评为中国合作经济学会农村合作经济技术专业委员会常务理事单位。

三、产品特点

品种培优：严控4米种植距离，定期人工修枝，坚持栗果自然成熟落地，遵循栗子自然生长周期，采用有机肥灌溉，保证无任何化学添加，保障有机原生栗品质。

品质提升：老栗树研发团队与北京市农林科学院、北京农学院等联合，制定老栗树种植管理标准、采收一体化标准及生产流程与工艺，打造先进的自动化生产车间。

四、供应周期

全年。

五、推荐贮藏和食用方法

【贮藏方法】避光常温保存。

【食用方法】开袋即食。

六、采购渠道信息

北京老栗树聚源德种植专业合作社

联系地址：怀柔区渤海镇渤海所村1099号

联 系 人：李思鹏

联系电话：15001150696

◉ 企业品牌——颐寿园

登录编号：BJYN-QY-2023008

相约颐寿园　健康到永远

一、品牌简介

颐寿园（北京）蜂产品有限公司健康产业园园区占地面积 32.5 亩，拥有窖藏式存储容量达 5 000 吨蜂蜜的地下蜜库，独创蜂蜜冷解晶加工技术，达到 A 级标准的化验室。目前，公司有各类职员 100 余人，直接或间接销售人员 4 000 多人。公司主要生产经营"颐寿园"牌系列蜂产品及蜂产品保健食品，有蜂蜜、蜂王浆、花粉、蜂胶、蜂产品延伸类日化五大类 100 多个品类。

二、品牌荣誉

"颐寿园"品牌及产品先后被评为中国驰名商标、北京市著名商标、北京市农业产业化重点龙头企业、第九届"北京礼物"旅游商品大赛优秀奖、第十三届和第十五届中国国际农产品交易会参展产品金奖等 100 种荣誉称号。2023 年入选"北京优农"品牌目录。

三、产品特点

公司开发了一系列产品，产品具有品牌纪念性、产品创新性、实用营养性、地域文化性、生态环保性、食用经济性、产品安全性、包装专利便携性等八大显著特征。

四、供应周期

全年。

五、推荐贮藏和食用方法

【贮藏方法】干燥、通风、清洁。

【食用方法】直接食用、泡水、糕点烘焙。

六、采购渠道信息

颐寿园（北京）蜂产品有限公司

联系地址：北京市怀柔区桥梓镇

客户服务电话：010-84921818

礼品渠道：涂　超

联系电话：18610063696

商超渠道：毛丽娜

联系电话：13810546784

登录编号：BJYN-QY-2023009

御食园 御食园宫廷御食——老北京的情与礼

一、品牌简介

北京御食园食品股份有限公司始建于 2001 年，是一家以农副产品深加工为主的食品企业，专注于京味特色食品和健康休闲食品的研发、生产及销售，是北京特色食品行业的领军企业，具有中国驰名商标、中国传统食品著名品牌、非物质文化遗产传承品牌。

二、品牌荣誉

2023 年被国家相关部委认定为农业产业化国家重点龙头企业、北京市"专精特新"中小企业、北京市共铸诚信企业，并入选"北京优农"品牌目录；2022 年荣获北京市"创新型"中小企业、河北省科学技术进步奖三等奖等。

三、产品特点

"御食园"严控原料端，坚持在全国范围内优选各类食材，并在怀柔、河北、安徽、广西、湖南等优质果品产区，建立了大枣、红果、板栗、红薯等农副产品种植基地，以保证原料品质。

四、供应周期

全年。

五、推荐贮藏和食用方法

【贮藏方法】常温保存。

【食用方法】开袋即食。

六、采购渠道信息

北京御食园食品股份有限公司

联系地址：北京市怀柔区雁栖经济开发区牤牛河路 71 号院

联 系 人：彭晓东

联系电话：15810675023；010-61668198

⊙ 企业品牌——富亿农

登录编号：BJYN-QY-2023010

 弘扬怀柔板栗品牌　打造健康新零食

一、品牌简介

"富亿农"品牌创立于 1999 年，为北京富亿农板栗有限公司所拥有。品牌倡导健康新零食理念，在产品生产加工过程中实现少添加、不添加，为消费者带来营养健康、原滋原味的健康零食产品。其产品主要涵盖燕山山脉怀柔优质鲜板栗、速冻栗仁、小包装甘栗仁、开口栗、枫糖板栗、板栗酱等板栗系列食品，以及小甘薯、小紫薯、甘薯干等薯类系列食品。

二、品牌荣誉

2021 年被认定为北京市高新技术企业；2022 年被认定为北京农业产业化产业带动示范龙头企业；2023 年入选"北京优农"品牌目录。

三、产品特点

"富亿农"倡导绿色、天然品质，致力于提高人们的健康生活水准，产品以有机食品和健康食品为主。公司生产的"富亿农"牌小包装甘栗仁使用的原料全部精选自燕山山脉优质板栗产区，采用严格的生产工艺，无防腐剂、无着色剂，产品保留了原有的天然品质。

四、供应周期

全年。

五、推荐贮藏和食用方法

【贮藏方法】常温保存。

【食用方法】开袋（剥壳）即食。

六、采购渠道信息

北京富亿农板栗有限公司

联系地址：北京市怀柔区庙城镇郑重庄 633 号

联 系 人：王春鹏

联系电话：18610482521

登录编号：BJYN-CP-2021014

三山优选　健康久远

一、品牌简介

三山有机农场（北京三山蔬菜产销专业合作社）位于北京市怀柔区庙城镇王史山村东800米，紧邻京承高速13号（北台路）出口。合作社地处怀柔区庙城镇，属暖温带半湿润性气候，夏季湿润，冬季寒冷少雪，全年日照时数约2 800小时，并地处怀柔水库下游，水源充足，水质优良。合作社成立于2008年，占地面积300余亩，以种植高品质有机蔬果为主，其中日光温室100栋，连栋温室4 000平方米，加工车间4 000平方米，苹果基地120亩，可一年四季生产新鲜蔬果。合作社采取

"合作社＋基地＋农户"和"合作社＋公司＋社员"的经营模式，是一个集蔬菜生产、初加工、销售并具有休闲娱乐、旅游观光、采摘体验、农机科普教育等产业和创新功能的现代农业园。

二、品牌荣誉

2021年入选"北京优农"品牌目录；2020年被评为"京郊最佳农产品品牌"；2019年被评为"北京农业好品牌"。

三、产品特点

品种培优：合作社的特色蔬菜选用北京市农林科学院等单位的特色蔬菜品种，有紫甘蓝、宝塔菜花、紫辣椒、香蕉西葫芦等。

品质提升：合作社建立了镇级检测室，并开展产前、产中、产后全方位的"七统一"技术和管理模式，即统一优质种苗供应、统一绿色防控、统一机械化作业、统一水肥科学管理、统一分级净菜上市、统一优质品牌创建、统一废弃物回收循环利用，以促进蔬菜生产的组织化、专业化、标准化。

四、供应周期

1—6月、9—12月。

五、推荐贮藏和食用方法

【贮藏方法】冷藏。

【食用方法】焯或者炒。

六、采购渠道信息

北京三山蔬菜产销专业合作社

联系地址：怀柔区庙城镇王史山村东800米

联 系 人：单一桐

联系电话：13683185268

◉ 产品品牌——栗山翁

登录编号：BJYN-CP-2021015

山林山果山翁　真情相伴一生

一、品牌简介

"栗山翁" 创立于 2014 年，是北京张泽林板栗购销专业合作社旗下的多元化品牌。合作社位于国家地理标志的中国板栗之乡——怀柔，地处慕田峪长城脚下，是国家级农民合作社示范社，专门从事板栗购销已有 30 余年，每年收购、仓储、加工及销售怀柔板栗 6 000 余吨，拥有 5 000 吨级德国技术的现代化专业冷库及大型分拣、加工、灌装设备及厂房。合作社的业务范围从专业板栗购销，已拓展到栗树种管、休闲旅游、免费采摘、康养服务、林间安葬等诸多服务内容。

二、品牌荣誉

2023 年合作社被评为国家农民合作社示范社；2021 年入选 "北京优农" 品牌目录。

三、产品特点

"栗山翁" 独特的品种优化、控大管小、交替更新、树下生草等科学管理技术，奠定了栗子的优良品质。尤其是拒绝农药和除草剂，采用栗树下生草、人工打草的方法，既给栗树施了天然的有机肥，又给树下铺了一层 "地毯"，避免栗子自然成熟落果时摔伤。此外，栗山翁油栗品质优良，颗颗籽粒饱满，富含不饱和脂肪酸、维生素和矿物质，是延年益寿、抗衰老的滋补佳品。

四、供应周期

全年。

五、推荐贮藏和食用方法

【贮藏方法】鲜栗子（生栗子）-5 ～ 0℃贮藏；小包装栗仁开袋即食，避光常温贮存。

【食用方法】烘烤、加工板栗饼、煮粥、生食；小包装栗仁开袋即食。

六、采购渠道信息

北京张泽林板栗购销专业合作社

联系地址：北京市怀柔区渤海镇渤海所村 797 号

联 系 人：张泽林

联系电话：15611270090

登录编号：BJYN-CP-2022012

京北沙地育瑰宝　汤河甜薯美名扬

一、品牌简介

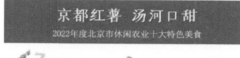

"汤河甜薯"是汤河"小特精"农业金字招牌之一，由汤河口镇优质的沙土地孕育而成。其种植基地土层深厚，含有丰富的有机质，而且地域阳光充足，沙土地土壤疏松，并引入密云水库上游水质优越的汤白河水灌溉，加上全面实施绿色有机肥料，使其长出的红薯圆实饱满，肉质细嫩，食用口感面甜粉糯、可口无丝，营养丰富，好吃又健康。"汤河甜薯"以"镇校企"合作为基础，深入挖掘"满韵"文化、红色历史、民宿文化，开展"休闲体验""自然科普""劳动教育"等特色的主题活动，并结合非遗技艺、传统工艺，制作品牌葫芦、"红薯面"等衍生产品，从而推动农文旅融合，实现多方效益提升，并带动14个经济薄弱村增收致富。

二、品牌荣誉

2022年被评为"2022年度北京市休闲农业十大特色美食"，并入选"北京优农"品牌目录。

三、产品特点

品种精选日本红瑶与心香。日本红瑶红薯是高品质红薯品种，淡黄色薯肉、无筋、干面、薯形美观；心香是种子选育而成的甘薯新品种，口感较粉且甜，质地细腻，适口性好，紫红皮黄肉，表皮光滑，薯块大小较均匀。

四、供应周期

9月至翌年1月。

五、推荐贮藏和食用方法

【贮藏方法】红薯贮存最佳温度在15℃左右，温度过高容易发芽，温度过低容易发生冻害降低品质，推荐放在通风阴凉处保存。

【食用方法】蒸、烤。

六、采购渠道信息

北京汤河惠农农机专业合作社

联系地址：北京市怀柔区汤河口镇

联　系　人：刘建伟；高　财

联系电话：13910772911；13716308641

◎ 产品品牌——健士牌

登录编号：BJYN-CP-2023004

始于诚信　忠于品质　成于坚持

一、品牌简介

"健士牌"注册于 1989 年，至今已有 34 年的历史。作为食品品牌，健士牌始终把产品品质放在首位，一心只做良心食品是其不变的初衷。健士牌产品主要以经典的西式肉制品、中式肉制品、清真产品、高端水产品为主，主要服务于四五星级酒店、航空配餐、集团联采、高校联采以及重要活动供应保障，销售网络遍布全国各地，部分产品还远销我国的香港地区。

二、品牌荣誉

2023 年荣获"第十四届全国人大一次会议"感谢信，并入选"北京优农"品牌目录；2022 年荣获"第二十次全国代表大会"感谢信；2022 年荣获"第十三届全国人民代表大会第五次会议"感谢信及"冬奥会餐饮服务保障"荣誉证书；2021 年荣获"庆祝中国共产党成立 100 周年"感谢信。

三、产品特点

健士牌一直通过抓源头、控过程、强终端对各环节产品的质量控制，严格做到对食品安全负责、对消费者负责。此外，坚持产学研结合，为产品升级和新产品的研制积蓄动能，而且产品工艺技术来自从法国、德国聘请的全球知名西餐大师，主要生产设备从德国、瑞士、丹麦等国家引进，为优质产品生产奠定了坚实的基础。

四、供应周期

全年。

五、推荐贮藏和食用方法

【贮藏方法】冷冻储存，温度≤ -18℃，保质期 12 个月。

【食用方法】水浴、油煎、空气炸锅均可，可搭配面包食用。

六、采购渠道信息

北京西餐食品有限公司

联系地址：北京市怀柔区庙城镇郑重庄村东

联 系 人：李玉娟

联系电话：13910555426

平谷区
(15个)

平谷 证明商标

甜。那溪 tennussee

千喜鹤

绿农兴云 Lv Nong Xing Yun

林淼 LINMIAO 精于果·专于品

味食源 ™

绿養道

沱沱工社 www.tootoo.cn

思玛特宝乐 SMART BROILER

北寨 Bei Zhai

金海湖 JIN HAIHU HONEY

QU HAI QUAN

茆山后 佛見喜 梨

蜜多邦 eetheat

登录编号：BJYN-GY-202101

平谷鲜桃　地标优品　国色鲜香

一、品牌简介

平谷产桃历史悠久，最高峰栽培面积达22万亩，年产值最高为15.3亿元。平谷大桃风味独特、个大、色艳、甜度高、桃味浓。2019年，摘取了新中国成立70周年国庆招待会宴会用桃的"桂冠"，成为名副其实的"国庆礼桃"。

二、品牌荣誉

产品被认定为国家地理标志产品；2022年入选地理标志产业发展富民兴业标杆案例；2021年被评为"最具影响力品牌"，并入选"北京优农"品牌目录；2019—2022年连续四年被确定为保供国宴礼桃。

三、产品特点

平谷大桃目前拥有白桃、蟠桃、油桃、黄桃四大系列近300个品种。白桃果肉细腻，甜软多汁，入口滑润；蟠桃果实扁圆，风味甜香，寓意美好；油桃果实为圆形，肉质细嫩，风味脆甜；黄桃营养丰富，肉质致密，风味浓甜。

四、供应周期

3月中旬至10月上旬。

五、推荐贮藏和食用方法

【贮藏方法】常温下3～5天。

【食用方法】鲜食。清水浸泡3～5分钟，可加入少量小苏打，轻轻洗去果实表面的绒毛，洗干净后方可直接食用。

六、采购渠道信息

1.北京市平谷区果品产业服务中心

联 系 人：高　振

联系电话：18811781189

2.北京柏佬园果品产销专业合作社

联 系 人：张致远

联系电话：18701451776

3.北京正大果业有限公司

联 系 人：张明君

联系电话：13398686826

4.北京绿养道农产品产销专业合作社

联 系 人：杨新文

联系电话：15810179882

◉ 企业品牌——甜｡那溪

登录编号：BJYN-QY-2021001

提供健康优质的产品

一、品牌简介

"甜｡那溪"商标注册于 2012 年，为北京金果丰果品产销专业合作社所拥有。其以"创造健康优质生活"为理念，主要生产销售有机桃产品，并专注于首都及国内大中城市卖场。甜｡那溪品牌的生产基地的日常管理全部采用有机化管理，并取得了有机证书。同时，甜.那溪品牌建立了大桃追溯信息化体系，实现了智能信息化管理。未来，合作社将强化产前、产中、产后衔接，实行从品种选育到大桃销售的全过程记录，通过利用信息技术，对合作社基本信息、基地环境、设施设备、管理制度、机构与人员、投入品、检疫检验标准、外包事项、操作过程、现场环境、产品存储等信息进行集中管理。

二、品牌荣誉

2021 年入选"北京优农"品牌目录。

三、产品特点

合作社分批进行果树更新，引入新的品种，采用标准化生产和集中管理，统一技术培训、统一生产资料供应、统一采取植保措施、统一落实各项集成技术，以提升生产的安全性。

四、供应周期

全年。

五、推荐贮藏和食用方法

【贮藏方法】3 ～ 5℃贮藏。

【食用方法】清水洗净，直接食用。

六、采购渠道信息

北京金果丰果品产销专业合作社

联系地址：北京市平谷区峪口镇西营村

联 系 人：高义成

联系电话：13901234571；010-69976038

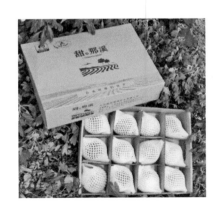

登录编号：BJYN-QY-2021003

构建绿色肉品产业链
成就高端市场领跑者

一、品牌简介

千喜鹤集团成立于 1993 年，已逐步形成强大的品牌终端网络，冷鲜肉建设终端销售网点超过 2 000 家，产品在各大商超系统及主流电商平台上均有销售，并与著名餐饮行业头部客户海底捞、小恒水饺等均有战略合作。

二、品牌荣誉

2022 年获得北京市农业产业化重点龙头企业；2021 年入选"北京优农"品牌目录。

三、产品特点

猪肉肉质鲜嫩，肉香浓郁，营养健康，没有异味，保质期长。屠宰车间引进德国 BANSS 屠宰生产线、韩国好烤克分割生产线，均为国际一流的生产设备。低温两段排酸工艺为国际最先进的屠宰加工工艺，分别在 −18℃和 0～4℃下进行两段排酸，将猪肉中的酶转换成人体容易吸收的氨基酸。此外，采用新希望自有鲜生活物流进行配送，每辆配送车辆均配备 GPS 定位系统，确保产品在配送过程中的安全，而且冷链运输保证产品在 0～4℃环境下，并全程保鲜，大大提高了产品的保质期。

四、供应周期

全年。

五、推荐贮藏和食用方法

【贮藏方法】冷冻、冷藏。

【食用方法】酱肘子、红烧肉、红烧排骨。

六、采购渠道信息

北京千喜鹤食品有限公司

联系地址：北京市平谷区兴谷工业开发区九区

联 系 人：赵志强

联系电话：15998896978

企业品牌——鑫桃源

登录编号：BJYN-QY-2021004

原产地甄选 优质好食材

一、品牌简介

鑫桃源品牌由北京鑫桃源商贸有限公司创立，通过区域品牌加企业品牌的方式进行区域特色产品的销售，从原产地甄选依托便捷的物流快速送达到消费者手中，链接了消费者与生产者。

同时也在带领合作社进行国际市场的开拓，在东南亚国家举办北京特色农产品展，提高了企业品牌在国际市场的知名度和美誉度。

公司不断与科研单位合作，从新品种选育、标准化种植和品牌化推广等方面进行深入合作，在地区培育了一批懂农业、爱农业的新农人。

二、品牌荣誉

公司先后荣获中关村高新技术企业、北京农业好品牌、北京市信息化龙头企业等称号；2021 年入选"北京优农"品牌目录。

三、产品特点

鑫桃源主推的产品有桃、榛子、柿子、黑枣、梨、樱桃、红杏等，与中国农业科学院郑州果树研究所和北京市农林科学院合作，进行无核黑枣和甜柿子的品种培优、染色体分析等，同时进行盆栽种植，产品通过了无公害认证。

四、供应周期

全年。

五、推荐贮藏和食用方法

【贮藏方法】冷冻保存。

【食用方法】鲜食、磨成粉。

六、采购渠道信息

北京鑫桃源商贸有限公司

联系地址：北京市平谷区镇罗营镇桃园大街 11 号

联 系 人：陈国松

联系电话：18600397071

登录编号：BJYN-QY-2021005

匠心桃乡情　初心天下行

一、品牌简介

北京绿农兴云果品产销合作社于 2016 年创立，锚定享誉全国的平谷大桃产业，从事农业生产性服务。在平谷区首创"互联网+"大桃电商运营模式，并成为龙头企业，拥有"科技小院"、智慧农园示范基地、大桃优新品种示范基地等荣誉称号，建立了生态闭环体系大桃全产业链社会化服务队。

二、品牌荣誉

2021 年荣获农业农村部颁发的"国家农民合作社示范社"称号；2023 年入选"北京优农"品牌目录。

三、产品特点

科技小院培育的优质品种平谷大桃，桃个大、色鲜，并且为绿色种植。通过大桃全产业链社会化服务的标准化生产，提供"妈妈式"服务，把农业技术通过服务应用于农业生产的产前、产中、产后全部过程，以实现标准化绿色种植和高品质生产。

四、供应周期

大桃：6—10 月，衍生品：全年。

五、推荐贮藏和食用方法

【贮藏方法】采摘后冰箱储存保鲜；常温储存置于阴凉处。

【食用方法】鲜食、袋装饮品。

六、采购渠道信息

北京绿农兴云果品产销专业合作社

联系地址：北京市平谷区刘家店镇北店村

联 系 人：岳巧云

联系电话：13910220115

绿农兴云果蔬专营店
邀请好友来扫一扫分享店铺给TA

◎ 企业品牌——林淼

登录编号 BJYN-QY-2021007

专于果　精于品

一、品牌简介

标志造型以竖线代表树木，曲线代表河流，简约鲜明地对品牌绿色天然的特点进行描述。生产基地处于金海湖畔、燕山大金山下，现有种植规模 130 亩。

二、品牌荣誉

2021 年荣获 2021 北京市休闲农业"十百千万"畅游行动——"京华乡韵、醉美樱红"樱桃擂台赛评比"优秀奖"，并入选"北京优农"品牌目录。

三、产品特点

引入先进的俄罗斯 8 号品种，通过冲施发酵豆饼和牛奶提升品质，并在微信朋友圈推广，而且在生产基地进行水肥一体化生产，品质远超同类产品。

四、供应周期

5—6 月。

五、推荐贮藏和食用方法

【贮藏方法】：0～4℃冷藏。

【食用方法】：鲜食。

六、采购渠道信息

北京林淼有机果蔬种植有限公司

联系地址：北京市平谷区金海湖镇东上营村

联 系 人：关金宝

联系电话：13683090111

登录编号：BJYN-QY-2021008

味料同源，让美味更简单！

一、品牌简介

北京味食源食品科技有限责任公司成立于 2008 年，是一家专业从事食品香味料、调味品研发、生产、销售的高新技术企业。公司位于北京市中关村科技园区平谷园，建筑规模接近 3 万平方米，拥有自主知识产权先进的年产 15 000 吨数字化调味料生产线。

二、品牌荣誉

作为"产学研用"一体的国家高新技术企业，公司于 2020 年被评为北京市"专精特新"中小企业，秉承"味料同源"的宗旨，以"让美味更简单"为使命，通过在专业技术上的不断努力，公司于 2020 年荣获中国轻工业科技百强企业，并建立了博士后科研工作站；2021 年入选"北京优农"品牌目录。

三、产品特点

公司经过对传统烹饪工艺和用料的研究，开发出多个方便调味汁、调味酱，可实现一料成菜、一汁多菜的方便、标准化产品，可极大地简化传统菜肴制作的操作难度，以实现"人人当大厨""人人都是美食家"的愿望。

四、供应周期

全年。

五、推荐贮藏和食用方法

【贮藏方法】常温贮藏。

【食用方法】菜肴制作时加入。

六、采购渠道信息

北京味食源食品科技有限责任公司

联系地址：北京市平谷区中关村科技园区平谷园兴谷 A 区平兴街 20 号院

联 系 人：李爱华

联系电话：13811665198；010-69956016

◉ 企业品牌——绿养道

登录编号：BJYN-QY-2022001

绿養道 寻好桃 找绿养道

一、品牌简介

绿养道品牌由首批北京大学生村官创立，秉持"自然品质荟萃，绿色养生之道"的先进理念，创新"五好"标准，即"好环境、好技术、好管理、好品质、好体验"，将果农的桃子进行分级包装，通过联结拥有丰富种植经验的老果农和熟悉网络销售的新果农，以及想品尝新鲜、高品质平谷大桃的高端消费者，建立销售联合体，集聚大桃生产、网络销售、安全追溯、观光采摘体验、农事体验等要素，以实现平谷大桃的品牌价值。

二、品牌荣誉

2021 年入选"北京优农"品牌目录。

三、产品特点

桃品类全，包含黄桃、油桃、蟠桃、水蜜桃等多类桃。桃个大、色艳、甜、香味浓郁。

四、供应周期

4—10 月。

五、推荐贮藏和食用方法

【贮藏方法】采摘后临时贮藏保鲜，一般半个月时间。

【食用方法】鲜食。

六、采购渠道信息

北京绿养道农产品产销专业合作社

联系地址：北京市平谷区马坊镇梨羊村农业园区南区绿养道

联 系 人：杨新文

联系电话：18201399777

登录编号：BJYN-QY-2023011

 有机　天然　高品质

一、品牌简介

"沱沱工社"始创于 2008 年，在平谷区建设了 1 050 亩有机农场及接待中心，可提供各类团体采摘、餐饮等服务，2022 年生产有机蔬菜 1 450 吨，经营收入 4 031 万元。2023 年推出有机蔬果冻干粉等有机加工品，积极推进"一二三产融合发展"，并向现代农业科技创新型企业转型。

二、品牌荣誉

2023 年获得北京市生态农场称号，并入选"北京优农"品牌目录；2022 年获得中关村高新技术企业称号；2021 年获得北京市休闲农业五星级园区称号；2021 年获得北京市蔬菜病虫全程绿色防控技术示范基地；2020 年获得北京市农业科技示范基地称号。

三、产品特点

沱沱工社现已形成了"叶菜周年稳定供应，果菜、特菜应季供应，露地蔬菜长期供应"的北京市本地化有机蔬菜供应体系。主要栽培：有机油菜、有机小白菜、有机芹菜、有机菠菜、有机番茄、有机黄瓜、有机红薯叶、有机甘蓝、有机大白菜、有机洋葱、有机红薯等产品，并以此为原料打造有机蔬果冻干粉等有机加工类产品。

四、供应周期

全年。

五、推荐贮藏和食用方法

【贮藏方法】生鲜产品，0～4℃冷藏为宜。

【食用方法】鲜食或烹饪后食用。

六、采购渠道信息

北京沱沱工社生态农业股份有限公司

联系地址：北京市平谷区马昌营镇马昌营村北 1 号

联 系 人：杨昆鹏

联系电话：18811081864

◉ 企业品牌——思玛特宝乐

登录编号：BJYN-QY-2023012

10 分钟吃鸡革命啦
吃鸡就吃宝乐元气鸡

一、品牌简介

"思玛特宝乐"赋予了鸡肉鲜明的标志，是一款经过四个颠覆式创新、适合宝宝吃的智慧鸡，并培养"每家每周每顿一只宝乐鸡"的吃鸡习惯，推动中国人均鸡肉消费量从现在的年人均不到 10 千克赶超全球 22 千克的平均水平，以实现中华美食大国从"吃得饱"到"吃得好"的"华丽转变"，并更好地满足人民对美好生活的向往。

二、品牌荣誉

2023 年获得良好农业规范认证一级证书，并入选"北京优农"品牌目录；2021 年获得农业农村部农产品质量安全中心授予的"全国名特优新农产品"证书、中国农业国际合作促进会—动物福利国际合作委员会（ICCAW）认证的"农场动物福利评定（五星级）证书"等。

三、产品特点

产品经过四个颠覆式创新，源自五星牧场，具备"四鲜"品质，是一款适合宝宝吃的智慧鸡。产品源头来自国内首批通过国家审定的沃德肉鸡品种，是为中国百姓量身选育的现代优质肉鸡，所含的蛋白质含量比同类别肉鸡高出 5.3%，人体必需氨基酸高出 2.68%，不饱和脂肪酸则要高出 13.67%，营养价值与肉品风味更佳。

四、供应周期

全年。

五、推荐贮藏和食用方法

【贮藏方法】-18℃冷冻保存。

【食用方法】推荐做法"一鸡三吃"。

六、采购渠道信息

思玛特（北京）食品有限公司

联系地址：北京市平谷区峪口镇大官庄大街 1 号

联 系 人：赵秀丽

联系电话：15801680769

登录编号：BJYN-CP-2021001

比寨
Bei Zhai

一、品牌简介

平谷区南独乐河镇北寨村三面环山、火山土壤，四季分明，早晚温差大，造就了自己独特果树品种——北寨红杏。"北寨红杏"为本村第一产业，现种植面积 10 000 亩，产量 550 吨。"北寨"坚持科学种植提高品质，将平谷区的好产品推荐给更多的消费者。

二、品牌荣誉

2021 年入选"北京优农"品牌目录；2020 年北寨红杏获得有机认证书。

三、产品特点

北寨红杏果大形圆，色泽艳丽，皮薄肉厚，核小，味美多汁，甜酸可口，鲜食不伤肠胃；干核甜仁，富含维生素 C、蛋白质、钙、磷、钾等多种营养成分。

四、供应周期

6—7 月。

五、推荐贮藏和食用方法

【贮藏方法】常温下可贮藏 20 天左右。

【食用方法】即食。

六、采购渠道信息

北京市北寨红杏销售中心

联系地址：北京市平谷区南独乐河镇北寨村寨台街 1 号

联 系 人：刘福东

联系电话：13701093388

"金海湖"，做好消费者和蜂农之间的纽带

一、品牌简介

"金海湖"商标于 1993 年注册，是土生土长的平谷品牌。平谷区三面环山，森林覆盖率高，蜜源植物充足，非常适合养蜂，而且养蜂历史悠久，在册的养蜂户近 300 户，分布在平谷区 16 个乡镇，蜂蜜、花粉、蜂王浆等蜂产品年产总量可达 100 多吨。"金海湖"三十年来坚持高品质生产的理念，将平谷区的好产品推荐给了更多的消费者。

二、品牌荣誉

2023 年入选"北京优农"品牌目录。

三、产品特点

产地："金海湖"品牌的原料均产自于平谷山区。

蜜源植物：主要以野生的荆条和酸枣树为主，天然无污染。

自然成熟：所有原料全部由蜜蜂酿造，自然成熟，无浓缩、无添加。

包装时尚便携：专利瓶型，包装美观便捷。

四、供应周期

全年。

五、推荐贮藏和食用方法

【贮藏方法】常温避光保存。

【食用方法】温水冲饮或涂于食品上。

六、采购渠道信息

北京野馨科技发展有限公司

联系地址：北京市平谷区峪口镇峪旺路八号

联 系 人：赵丽梅

联系电话：18811046636

金海湖旗舰店

邀请好友来扫一扫分享店铺给TA

秉承平谷精品　　沉淀国桃芬芳

一、品牌简介

"屈海全"商标属于北京夏各庄田丰果品产销专业合作社。合作社自成立以来不断加强规范化建设，同时不定期邀请农业技术专家为成员授课，提高了成员的理论水平和生产技能。在屈海全的带领下，"桃王"称号越来越响，合作社的品牌价值也越来越高，以"屈海全"为商标的大桃产品要求在种植过程中全部以无公害为起点，统一使用农药、化肥，统一技术规程，统一质量管理，统一使用商标，统一包装销售并通过无公害认证。

二、品牌荣誉

2023年入选"北京优农"品牌目录。

三、产品特点

合作社规模栽培有12-13油蟠桃、九仙黄油桃、大久保、庆丰（北京26号）、14号、京艳（北京24号）、燕红（绿化9号）、八月脆（北京33号）、瑞蟠2号、瑞蟠3号、瑞蟠5号、蟠桃4号等品种。严格采用专家提供的几十项综合配套技术进行管理，仅施肥套餐就有腐熟有机肥、豆粉、鱼骨粉、花生饼、香油渣等10多种，在果实膨大期，"桃树王"甚至"喝"了250千克的牛奶稀释液。

四、供应周期

5—12月。

五、推荐贮藏和食用方法

【贮藏方法】冷藏贮藏温度0～5℃保存5～7天，常温6～10℃保存2～4天。

【食用方法】即食、水果沙拉。

六、采购渠道信息

北京夏各庄田丰果品产销专业合作社

联系地址：北京市平谷区夏各庄镇安固村东路84号

联 系 人：马敬浩

联系电话：13011135814

⊙ 产品品牌——茅山后佛见喜梨

登录编号：BJYN-CP-2021004

京城贡梨——慈禧老佛爷爱吃的

一、品牌简介

作为平谷区乃至北京市独有的果树品种，佛见喜梨相传拥有近 200 年的种植历史。经过多年种植，茅山后村的佛见喜梨年产 600 吨，果农人均收入 5 万多元。

二、品牌荣誉

2016 年荣获平谷区第一个由农业农村部评定的农产品地理标志认证，同时也是农业农村部首个以村命名的地理标志认证；2018 年在首届"中国农民丰收节"北京市系列庆祝活动推介活动中荣获"北京农业好品牌称号"，并获得绿色食品认证；2021 年入选"北京优农"品牌目录。

三、产品特点

由于土质和气候原因，佛见喜梨果型端正，表面红润、个大口脆、香甜多汁，以其差异化明显区别于常见的其他梨品种，且便于贮藏。短期销售采用传统冬季贮藏方法，可以贮存到翌年 3 月；码放在地窖里可以贮存到翌年 5 月。长期销售采用冷库贮藏，能够做到周年供应。

四、供应周期

10 月至翌年 4 月。

五、推荐贮藏和食用方法

【贮藏方法】地窖、冷库贮藏。

【食用方法】鲜食。

六、采购渠道信息

北京元宝山果品产销专业合作社

联系地址：北京市平谷区金海湖镇茅山后村

联 系 人：李尚霖

联系电话：13720059049

登录编号：BJYN-CP-2022001

蜜多邦六选桃
农业高质发展的甜蜜事业

一、品牌简介

"蜜多邦六选桃"是北京互联农业发展有限责任公司于 2017 年创建的"平谷鲜桃品牌"。该品牌的创建紧紧围绕大桃主导产业转型升级高质量发展，打造高品"六选桃"，塑造高品质、有品位、有口碑的平谷桃产业"金字招牌"。

二、品牌荣誉

2021 年入选"北京优农"品牌目录。

三、产品特点

"蜜多邦六选桃"的好吃（香甜可口、汁多味美、可溶性固形物达 13% 以上）、好看（果型端正、外观艳丽）、好种（简化栽培、省工省力）、好卖（适销对路）和好想（吃了还想吃）、好安（产品品质安全、生态安全），营养丰富，老少皆宜。

四、供应周期

4—10 月。

五、推荐贮藏和食用方法

【贮藏方法】：采摘后临时贮藏保鲜，一般半个月时间。

【食用方法】：鲜食；黄桃罐头。

六、采购渠道信息

北京互联农业发展有限责任公司

联系地址：北京市平谷区大华山镇大峪子大街 107 号

联 系 人：李　华

联系电话：18801360078

密云区
(20个)

密云农业
MIYUN AGRICULTURE

凯 诚

金地达
JINDIDAYUAN

新宇阳光
Xinyu Sunshine

密农人家

密水农家

喜逢春雨

万谷食美

奥斯云
Aosiyun

HortiPolaris 极星

泰民同丰

云艺古坊
YUNYIGUFANG

HUATONG
花彤

潮河果业

密之蓝天
源于大自然健康滋味

檀州
檀州农业

AO YI QING YUAN · AO YI QING YUAN
奥心清源

京密

墨粟

登录编号：BJYN-GY-202107

区域公用品牌——密云农业

绿色、天然、营养、健康

密云八珍

一、品牌简介

"密云农业"基本形成了"特色蜜、水库鱼、环湖粮、山区果、平原菜"五大特色产业，以农民专业合作社、电商企业等为主体，紧紧围绕"绿色、天然、营养、健康"等品牌主题，有效地整合了优质农业品牌资源。

二、品牌荣誉

2018年"密云农业"品牌获得北京农业好品牌；2021年入选"北京优农"品牌目录。

三、产品特点

产品包括密云水库鱼、特色蜂蜜、原味番茄、金叵罗小米、云岫苹果、黄土坎鸭梨、红香酥梨、御皇李子、套里蔬菜、燕山板栗等。

四、供应周期

全年，部分鲜品季节性供应。

五、推荐贮藏和食用方法

【贮藏方法】常温贮藏、冷藏。

【食用方法】鲜食；酱炖、剁椒、红烧；冲饮或涂抹等。

六、采购渠道信息

1、北京密水农家农产品产销专业合作社

联系地址：北京市密云区河南寨开发区

联 系 人：张 启

联系电话：18511808880

2、北京密农人家农业科技有限公司

联系地址：北京市密云区河南寨镇套里东大街00482甲1号

联 系 人：许阳阳

联系电话：13126929237

3、北京潼玉华硕农产品产销专业合作社

联系地址：北京市密云区巨各庄镇后焦家坞村北200米保鲜库院内

联 系 人：毛凤玉

联系电话：13911633284

◉ 企业品牌——天葡庄园

登录编号：BJYN-QY-2021009

天葡庄园　品味自然

一、品牌简介

天葡庄园成立于 2010 年，总部位于密云区巨各庄镇，是以葡萄为主题的一二三产融合发展的产业园。天葡庄园致力于打造中国葡萄主题休闲农业品牌的标杆。目前全国共有 5 个种植基地，总面积 1 500 亩，以生产高端绿色葡萄、酿造红酒、加工葡萄醋等为主。以"生态、生产、生活"三位一体为企业理念。

二、品牌荣誉

2022 年被评为国家高新技术企业；2021 年入选"北京优农"品牌目录；2020 年被评为密云区国家现代农业产业园示范基地。

三、产品特点

天葡庄园葡萄选用国内外名特优品种，每亩控制 1 000 千克以内，采用避雨栽培方式，严格按照绿色标准种植，人工除草，自然树熟，鲜采配送。品种均为适合采摘、鲜运的类型，如金手指、夏黑、阳光玫瑰、爱神玫瑰等。香甜型，口感好，糖度高。葡萄包装采用雅致的礼盒，产地和生产者信息透明完整，方便消费者追溯。

四、供应周期

5—10 月。

五、推荐贮藏和食用方法

【贮藏方法】18 ～ 26℃常温或冷藏皆可。

【食用方法】鲜食、榨汁、冷冻后食用皆可。

六、采购渠道信息

北京天葡庄园农业科技发展有限公司

联系地址：北京市密云区巨各庄镇

联 系 人：孙　鹏

联系电话：010-61069199

登录编号：BJYN-QY-2021010

密云凯诚　健康同行

一、品牌简介

北京诚凯成柴鸡养殖专业合作社成立于 2004 年 8 月，位于密云区北庄镇朱家湾村南庄北侧，共有成员 102 户，设施及生产用建筑面积 10 000 平方米，可使用土地及山场面积 200 亩，注册资金 121.36 万元。合作社现有存栏柴蛋鸡和北京油鸡 1 万只，销售渠道以电商平台及中高端消费市场为主，2021 年销售收入 1 000 余万元。2009 年注册了"凯诚"商标，已通过国家商标局批准使用。

二、品牌荣誉

2021 年入选"北京优农"品牌目录；"北京油鸡"被誉为"天下第一鸡"，获得地理标识、有机认证和无公害认证。

三、产品特点

北京油鸡养殖区域位于风景秀丽的北庄镇，养殖场海拔 800 米，养殖地区方圆 30 公里内无任何工业产业，自然环境优越。合作社的产品主要有油鸡、油鸡蛋。"北京油鸡"是一个优良的肉蛋兼用型地方鸡种，具有特殊的外貌（即凤头、毛腿和胡子嘴），肉质细致，肉味鲜美，蛋质佳良。北京油鸡蛋的蛋清弹滑，蛋黄绵密，卵磷脂含量高于普通鸡蛋 20%。

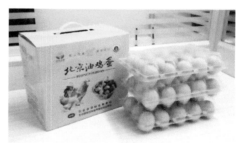

四、供应周期

全年。

五、推荐贮藏和食用方法

【贮藏方法】油鸡蛋：18 ～ 26℃常温或冷藏皆可。

【食用方法】煎、煮、炖。

六、采购渠道信息

北京诚凯成柴鸡养殖专业合作社

联系地址：北京市密云区北庄镇朱家湾村南庄北侧

联 系 人：冯保芹

联系电话：13381160769

北京密云凯诚农场

⊙ 企业品牌——金地达源

登录编号：BJYN-QY-2021001

颗颗见真情　粒粒好滋味

一、品牌简介

北京金地达源生态农业观光采摘园位于高岭镇辛庄路口，地处密云水库生态涵养区，占地面积 1 280 亩，有苹果树 130 亩、有机水杏采摘园 300 亩、有机板栗 850 亩、林下种植红薯 100 亩，形成了以果树种植、观光采摘、旅游、垂钓、健康养生、亲子体验、销售等为一体的全产业链基地。

二、品牌荣誉

2020 年荣获北京农业好品牌称号；2021 年荣获国家农民合作社示范社、四星级休闲农业星级园区、315 质量安全标准优质单位等荣誉，并入选"北京优农"品牌目录。

三、产品特点

全园采用有机种植和管理模式，以物理防治为主、生物防治为辅，主要产品有红肉苹果、黄金苹果、富士苹果、嘎啦苹果、西瓜红红薯、水杏、山杏仁、核桃、板栗等，所有上市的农产品均达到"零农残"的有机标准。

四、供应周期

有机水杏：5 月中旬至 7 月初；富士苹果、嘎啦苹果：8 月中旬至 8 月底；红肉苹果：9 月初至 9 月底；西瓜红红薯：9 月中旬至 10 月中旬；有机板栗：9 月底至 10 月初；核桃、栗仁、杏仁：全年。

五、推荐贮藏和食用方法

【贮藏方法】水果、红薯：阴凉 0 ～ 8℃贮藏。

【食用方法】鲜食、蒸煮。

六、采购渠道信息

北京金地达源果品专业合作社

联系地址：北京市密云区高岭镇辛庄路口

联 系 人：齐占军

联系电话：13901256492

新宇阳光
Xinyu Sunshine

亲近自然　品味绿色

一、品牌简介

北京新宇阳光农副产品产销专业合作社地处密云区，成立于 2012 年，合作社在市区各级领导的帮助与支持下，已经成长为统一收购、挑选加工、多元销售为一体的产销专业合作社，现已形成大批量企业采购、节日礼品定制、企业食堂集中配送，以及外埠远程订货、京密消费对接等服务。

二、品牌荣誉

合作社被区农合中心认定为"密云农业"品牌定点销售及授权单位；2021 年并被评为国家级农民专业合作社示范社，并入选"北京优农"品牌目录；2022 年被评为市级妇女创业基地。

三、产品特点

合作社生产的农副产品实行全程质量控制，并采取减少使用化肥、农药、抗生素等对环境和产品有害的农业生产方式，以实现安全生产与再加工。主要产品为杂粮、水库鱼、柴鸡蛋、香油。

四、供应周期

全年。

五、推荐贮藏和食用方法

【贮藏方法】置于阴凉干燥通风处密封保存。

【食用方法】半成品再加工、开袋即食等。

六、采购渠道信息

北京新宇阳光农副产品产销专业合作社

联系地址：北京市密云区穆家峪镇大石岭村

联　系　人：赵新宇

联系电话：13810729935

◉ 企业品牌——密农人家

首都水源地　安鲜好食材

一、品牌简介

北京密农人家农业科技有限公司于2012年创立，位于密云区河南寨镇，是集品种引进、标准生产、品牌打造、产品配送于一体的现代农业电商企业。目前，公司已形成了绿色、安全、有味道的品牌形象，本地农产品销售额累计超过1.8亿元，2022年密云本地农产品销售额达2750万元，带动农民与合作社实现了增收。

二、品牌荣誉

2021年入选"北京优农"品牌目录；2022年被评为北京市农业科技示范基地；2023年被评为北京市农业信息化示范基地。

三、产品特点

密农人家坚持基地严选，进行产前培训、产中巡检、采前必检。围绕"水库鱼、生态菜、树熟果"，具有两河沙田红薯、栗面贝贝南瓜、密云水库胖头鱼、首都水源地蔬菜等200余种优质农产品。

四、供应周期

全年。

五、推荐贮藏和食用方法

【贮藏方法】常温贮藏、冷藏。

【食用方法】微波炉、蒸锅蒸均可。

六、采购渠道信息

北京密农人家农业科技有限公司

联系地址：北京市密云区河南寨镇套里东大街00482甲1号

联 系 人：孔 博

联系电话：13811855100

登录编号：BJYN-QY-2021014

生态密云·典范之区
密水农家·绿色健康

一、品牌简介

"密水农家"网店成立于2013年，通过"互联网+"农业推广渠道（京东、淘宝）等第三方平台进行农产品的推广和销售，并通过第三方快递（顺丰、京东）等配送到全国各地的顾客手中，塑造了密云农产品"优质、新鲜、放心"的品牌形象。

二、品牌荣誉

2020年荣获全国第四届农村创新创业大赛优胜奖、全国第四届农村创新创业大赛网络人气奖、中国农村电商致富带头人等荣誉；2021年荣获北京市市级农民合作社示范社，并入选"北京优农"品牌目录。

三、产品特点

企业在电商平台引进了全新的质量检测及标准化技术，建立了严格的产品质量标准，明确密云特色农产品的营养成分及其构成情况。采用"线上"+"线下"的互动新模式，让用户能够在"线下"实地体验农产品采摘等农家乐项目。

四、供应周期

全年：蔬菜礼盒、黄金籽番茄礼盒/草莓番茄礼盒、跑山黑猪肉礼盒、草原黄牛肉礼盒、山地放养柴鸡蛋、跑山粮食土猪肉、有机鲜食玉米礼盒、沙地蜜薯礼盒、贝贝小南瓜礼盒、鲜玉米礼盒等。

分月份：水库胖头鱼礼盒（9月至翌年3月）、山坡地桃子礼盒（7—10月）、沙甜小西瓜礼盒（5—10月）、新鲜葡萄礼盒（6—10月）。

五、推荐贮藏和食用方法

【贮藏方法】常温贮藏、冷藏。

【食用方法】微波炉、蒸锅蒸均可，生鲜产品尽快食用。

六、采购渠道信息

北京密水农家农产品产销专业合作社

联系地址：北京市密云区河南寨开发区

联 系 人：张 启

联系电话：18511808880

⊙ 企业品牌——喜逢春雨

登录编号：BJYN-QY-2021015

以确保食品安全为第一生命

一、品牌简介

"喜逢春雨"品牌的元素是由小苗、大苗和雨滴组成，寓意为农业企业在党和国家惠农政策的雨露滋润下，由一颗小苗茁壮成长为参天大树。北京喜逢春雨农业科技有限公司拥有 11 套全功能分切设备，3 条清洗生产线，4 条包装生产线及冷链物流配送体系，现有从业人员 100 余人，日均蔬菜加工生产能力达到 10 吨。

二、品牌荣誉

2022 年成为"北京冬奥会和冬残奥会供应保障单位"，在保供工作中荣获"服务保障贡献集体"奖；2021 年入选"北京优农"品牌目录，并获得了北京市净菜加工垃圾减量十佳示范企业；2019 年被评选为北京市农业好品牌；2018 年被农业农村部授予一二三产融合示范单位。

三、产品特点

把蔬菜的择、洗、切放在工厂前端，可以减少终端消费产生的厨余垃圾；蔬菜的加工车间常年保持低温，成品入库、出库、配送全程冷链，保证了蔬菜的新鲜度和品质；按照产品的特点采用气调包装和真空包装形式，能够适当延长产品的保质期；消费者只需加热就可食用，方便、快捷、营养健康。

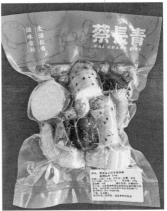

四、供应周期

全年。

五、推荐贮藏和食用方法

【贮藏方法】冷藏 0～10℃。

【食用方法】非即食，清洗烹饪后食用。

六、采购渠道信息

北京喜逢春雨农业科技发展有限公司

联系地址：北京市密云区河南寨镇兴企二路 9 号院

联 系 人：王霖枫

联系电话：010-69069288

登录编号：BJYN-QY-2022009

行天下　尝万谷　万谷食美

一、品牌简介

北京金禾绿源农业科技有限公司初创于 1998 年，专注杂粮 20 多年，是一家集种植、生产、加工、研发、销售为一体的综合性现代农业企业。公司旗下的"万谷食美"杂粮品牌产品，在广大消费者中认知度高，产品覆盖线下北京的各大超市、农贸市场、餐饮连锁、高校联采、团餐公司等，线上有阿里巴巴、京东、天猫、拼多多等传统电商平台及抖音、快手等自媒体平台。

二、品牌荣誉

2022 年入选"北京优农"品牌目录，并被评为北京市高校联采 2022 年度杂粮类优秀供应商。

三、产品特点

公司拥有生产种植基地和现代化生产设备，对每一批次杂粮产品进行严格的质量检测，产品质量有保障。

四、供应周期

全年。

五、推荐贮藏和食用方法

【贮藏方法】：避光、阴凉、干燥通风处。

【食用方法】：多种烹饪方式。

六、采购渠道信息

北京金禾绿源农业科技有限公司

联系地址：北京市密云区穆家峪镇西穆家峪村七队场院

联 系 人：韩　波

联系电话：13366406888

⊙ 企业品牌——奥斯云

登录编号：BJYN-QY-2023013

精心饲养　标准化生产
让老百姓吃到放心的原生态鸡产品

一、品牌简介

北京奥斯云肉食品有限公司成立于 2005 年，是一家集家禽养殖、回收、屠宰、加工、销售于一体的产业链企业，是北京市农业农村局批准的密云区唯一一家家禽定点屠宰企业。

二、品牌荣誉

公司被评选为北京市产业信息化重点龙头企业；2023 年入选"北京优农"品牌目录。

三、产品特点

公司与北京京密种鸡孵化厂达成战略合作，主打精品北京油鸡、土皇后等品牌。小鸡生长期间全部散养，加强鸡肉韧性，而且无任何合成饲料喂养，无激素催长。

四、供应周期

全年。

五、推荐贮藏和食用方法

【贮藏方法】冷冻储存。

【食用方法】炒、炖、炸、煲汤。

六、采购渠道信息

北京奥斯云肉食品有限公司

联系地址：北京市密云区十里堡镇岭东村西 500 米

联 系 人：马云雁；张赛博

联系电话：13811147868；13501159525

登录编号：BJYN-QY-2023014

让农民成为有吸引力的职业

让农村成为安居乐业的美丽家园

让农业成为有奔头的产业

一、品牌简介

北京极星农业有限公司创建于 2018 年，位于密云区穆家峪镇，总占地面积约 270 余亩，是北京密云国家农业科技园的重要组成部分。园区一期投资 2 亿元，主体为一栋 3.3 万平方米的芬洛式玻璃连栋温室。2022 年 1 月，公司被认定为国家级现代农业产业园，其立足现代农业生产，实现了荷兰温室园艺技术在国内的成功落地，而且其主力产品小番茄、大番茄和水培生菜产量位居国内前列，其品质均达到国内领先水平。

二、品牌荣誉

2023 年被评为北京农业产业化科技创新新星企业、通过 China GAP 良好农业规范认证、通过 Global GAP 良好农业规范认证，并入选"北京优农"品牌目录；2022 年被北京冬奥会和冬残奥会组委会评为"服务保障贡献集体"；2021 年被认定为国家级现代农业产业园。

三、产品特点

番茄：鲜摘鲜食，每一颗番茄饱满新鲜，色泽鲜艳，富含维生素 C（42mg/100g）和番茄红素（11.9g/kg），无农药残留，成果采用船盒包装及运输销售。

生菜：可实现周年生产，全年 365 天稳定产出，成熟生菜采用活体包装及运输销售，保留生菜根系，货架期长达 10 天，保证新鲜品质。

四、供应周期

全年。

五、推荐贮藏和食用方法

【贮藏方法】13 ～ 16℃保存。

【食用方法】鲜食。

六、采购渠道信息

北京极星农业有限公司

联系地址：北京市密云区左堤路 88 号

联 系 人：张 然

联系电话：13501295623

产品品牌——泰民同丰

国泰民安　同享丰收

一、品牌简介

"泰民同丰"寓意国泰民安、同享丰收。北京泰民同丰农业科技有限公司以绿色、生态为发展理念，创新种植模式、技术模式、经营模式，从事新产品的引进、试验示范、种植推广，而且公司主要负责产品设计、商超配送和产品销售。

二、品牌荣誉

2020 年被认定为北京市农业科技示范基地；2021 年入选"北京优农"品牌目录。

三、产品特点

公司引进新品种，发展特色农作物种植，基地属于"三优田"示范基地、中国农业科学院谷子基地、北京市农业农村局甘薯综合试验站。此外，公司还示范推广了鲜食玉米、甘薯、谷子、多种水果番茄等作物的优异品种。

四、供应周期

红薯：9 月至翌年 4 月；玉米：7—10 月；水果番茄：12 月至翌年 6 月；小米：全年。

五、推荐贮藏和食用方法

【贮藏方法】常温或冷藏。

【食用方法】甘薯可生食、蒸煮、烤；番茄可加工制成番茄酱、汁，或整果罐藏。

六、采购渠道信息

北京泰民同丰农业科技有限公司

联系地址：北京市密云区河南寨镇北单家庄村村北 100 米

联　系　人：金　磊

联系电话：13811033012

登录编号：BJYN-CP-2021006

健康睡眠好身体　源自好枕头

一、品牌简介

北京山缘民间传统手工艺品有限公司成立于2014年，注册商标为"云艺古坊"。公司生产的玲珑枕创新系列产品有17项独家生产专利，共计帮扶残障人279人、居家妇女3 000多人，而且原创作品数次荣获国际和全国"金奖""金手指"奖等，2021年被列入北京市非遗名录。

据史料中记载，玲珑枕最早可追溯到西周时期。玲珑枕创新系列睡枕的长、宽、高依据人体工学原理及人的睡眠习惯设计、制作而成，所用布料经过古法浸泡缩水、清洗、晾晒等十余道工序，内填充物为温热性的黑苦荞壳，有助于人的健康睡眠。

二、品牌荣誉

2020年1人荣获"北京市三八红旗手"；2021年入选"北京优农"品牌目录，并荣获"乡村直播大赛销售冠军"、北京市拓新盛达杯·迎冬奥"爱立方"作品创意大赛最佳康复之星、北京市拓新盛达杯·迎冬奥"爱立方"作品创意大赛银奖等奖项。

三、产品特点

经过多年的培育和创新，逐渐从零售到批发，并从批量定制过渡到高端个性化定制。产品特点：个性化定制的双层沉香崖柏紫檀等药枕，养生养心；居家摆放，古香古色；根据大部分用户需要，设计大众化，适合平躺侧躺都可以用的元宝枕、抱枕挂饰等300多种布艺类产品。

四、供应周期

全年。

五、推荐贮藏和使用方法

【贮藏方法】干燥通风房间。

【使用方法】喜欢平躺的用低枕，喜欢高枕侧卧的用侧躺枕，平躺侧躺翻身频率高的用元宝枕。

六、采购渠道信息

北京山缘民间传统手工艺品有限公司（北京云艺手工艺品专业合作社）

联系地址：北京市密云区果园街道果园西里南平房；北京市密云区石城镇石塘路村桃源新区九号院

联 系 人：郭英军；朱会萍

联系电话：13718008945；15710090710

产品品牌——花彤

十三亿蜜蜂与一千蜂农
一心一意做好食品安全

一、品牌简介

北京奥金达农业科技发展有限公司成立于 2003 年，地处密云区高岭镇，注册资金 1 855 万元，2007 年注册自有品牌"花彤"，是一家集蜂业养殖、生产、加工、销售、文旅为一体的绿色农业高科技企业。公司系"国家高新技术企业""专新特精企业"、科技部"星创天地"基地、北京市创新型中小企业，被中国蜂产品协会评为"全国蜂产品行业龙头企业"。在经营管理中，确立了"合作社＋公司＋基地＋品牌＋蜂农"的新型农业产业化经营模式，有效衔接起养殖、加工及销售等环节，实现了蜂蜜产品的产供销一体化运作。

二、品牌荣誉

2023 年获"国民好蜜——第六届蜂蜜感官品质大赛"金奖；2021 年入选全国名特优农副产品，并入选"北京优农"品牌目录；2020 年"花彤"牌荆花成熟蜂蜜纳入中国真实蜂蜜核磁图谱库。

三、产品特点

公司建有标准化养殖基地 140 余个，蜂群 5.9 万群，蜂群数量占密云区蜂群总量的 60% 以上，并进行统一培训、统一引进蜂王品种、统一资料供应、统一质量标准、统一收购、统一检测、统一品牌经营。目前，公司拥有制药级标准的 GMP 加工车间 3 500 平方米及 5 条全自动蜂蜜生产线，年产蜂蜜 2 000 余吨，产值近 5 000 万元，而且产品经过 ISO 9001 质量管理体系认证、ISO 22000 食品安全管理体系认证、绿色蜂蜜生产加工认证、知识产权管理体系认证和欧盟有机认证，具有出口权。

四、供应周期

全年。

五、推荐贮藏和食用方法

【贮藏方法】常温或者冷藏。

【食用方法】直接食用或涂抹食品；调入温水、牛奶、豆浆中饮用，口感更佳；也可用于凉拌蔬菜、水果和坚果等。

六、采购渠道信息

北京奥金达农业科技发展有限公司

联系地址：北京市密云区高岭镇政府街 6 号

联 系 人：李 伟

联系电话：13910904303

一、品牌简介

"潮河果业"取名自北京庄头峪潮河果品专业合作社所在的地理位置——潮河东岸。合作社始建于2004年，占地1000亩，拥有完善的组织体系、有机体系和监测体系，管理技术统一先进，合作组织运转良好，已初步总结出一套适合密云区红香酥梨的有机生产技术，成功解决了红香酥梨在本地栽植果农见虫就喷药的问题，并通过推广有机生产技术、降低农药残留，提升果实品质，带动了果业增效和果农增收。

二、品牌荣誉

主栽的红香酥梨，取得了有机果品认证证书，被誉为"百果之宗"；2022年入选"北京优农"品牌目录。

三、产品特点

合作社实施有机果品栽培，从修剪、疏花蔬果到病虫害防治，从追肥、灌水到套袋，均按照有机产品生产规程进行，而且红香酥梨取得了有机认证证书。其外观艳丽，形状为长卵圆形或纺锤形，平均单果重200克，最大果重510克，果面洁净、光滑、果点中大而密，果心小；果皮底色绿黄色，阳面2/3鲜红色；果肉白色，肉质较细，石细胞少，汁多，糖度13%～14%，能保持两三个月的新鲜度。

四、供应周期

9—12月。

五、推荐贮藏和食用方法

【贮藏方法】通风、阴凉处。

【食用方法】可直接鲜食，口感香甜酥脆。

六、采购渠道信息

北京庄头峪潮河果品专业合作社

联系地址：北京市密云区穆家峪镇庄头峪村

联 系 人：赵克栓

联系电话：13911381197

◎ 产品品牌——密之蓝天

密云的天更蓝，环境更好；
农产品更安全、更健康

一、品牌简介

"密之蓝天"是北京潼玉华硕农产品产销专业合作社旗下的品牌。合作社位于密云区巨各庄镇后焦家坞村，是 2016 年成立的一家新型电商型合作社，占地面积 500 亩，拥有设施大棚 206 栋。品牌"密之蓝天"寓意让密云的天更蓝，环境更好；农产品更安全，更健康。

二、品牌荣誉

先后被认定为北京市农业宣传科普教育基地、北京市市级示范园区、北京市优级标准化基地，并荣获"北京市优质农产品"称号。2021 年入选"北京优农"品牌目录。

三、产品特点

产品主要为原味番茄、湖中鱼、环湖粮、平原菜、林上果、林中蜜、林下木耳、赤松茸、冰激凌烤红薯等密云本地自产优质农产品，按照有机标准种植。

四、供应周期

全年：冰激凌烤红薯、林下木耳。

分月份：原味番茄（12 月中旬至翌年 6 月）、新鲜赤松茸（4—6 月、10—12 月）。

五、推荐贮藏和食用方法

【贮藏方法】不同产品分别采用常温避光贮藏、冷冻贮藏、冰箱冷藏。

【食用方法】鲜食、冷热两吃等多种方法。如爆炒赤松茸、凉拌黑木耳。

六、采购渠道信息

北京潼玉华硕农产品产销专业合作社

联系地址：北京市密云区巨各庄镇后焦家坞村北 200 米保鲜库院内

联 系 人：毛凤玉

联系电话：13911633284

登录编号：BJYN-CP-2021017

锐意进取　服务大众

一、品牌简介

北京密鑫农业发展有限公司成立于 2014 年 6 月，主要从事新鲜蔬菜、新鲜水果、生鲜类、粮油类等农副产品销售，拥有"檀州"商标 1 个。此外，通过利用互联网技术，实现对旗下各个超市的 24 小时监控与信息上传，以及超市与总部间的网上产品预订、网上结算，并配备生鲜专用配送车 12 台。

二、品牌荣誉

2021 年入选"北京优农"品牌目录。

三、产品特点

利用先进的水培蔬菜技术，培育绿色环保的水培菜和原味 1 号番茄。水培菜无污染、营养全面均衡，不易受虫害影响，不使用激素；原味 1 号番茄口感汁浓酸甜，甜度达 8 度以上，营养美味。全部产品可保证全年新鲜供应。

四、供应周期

全年。

五、推荐贮藏和食用方法

【贮藏方法】按日常蔬菜贮藏即可。

【食用方法】可直接生食，新鲜美味有营养。

六、采购渠道信息

北京密鑫农业发展有限公司

联系地址：北京市密云区经济开发区锦程街 10 号

联 系 人：孔祥艳

联系电话：13552358798

产品品牌——奥仪青源

登录编号：BJYN-CP-2021011

回归自然　感受绿色
健康不止一点点

一、品牌简介

北京奥仪凯源蔬菜种植专业合作社是集果蔬采摘、科普实践、土地认领、农耕体验、餐饮娱乐于一体的现代农业观光科普采摘园。"奥仪青源"代表回归自然、感受绿色、精益求精之蕴意，其中"奥"指奥妙，代表采摘园是儿童与青少年的探索之地；"青"为绿色，代表采摘园的产品绿色健康有机；"源"指源泉，代表采摘园毗邻密云水库，灌溉用水纯净。

二、品牌荣誉

自育品种"小白草莓"，曾在草莓文化节获金奖，并吸引CCTV2经济频道、BTV生活频道、首都经济报、食尚大转盘等各大电视台、媒体的报道和推荐；2021年入选"北京优农"品牌目录。

三、产品特点

京彩番茄和草莓在种植过程中使用水肥一体化精准灌溉，采用黄板粘虫等物理防治方法以及生物防治技术，并引进熊蜂授粉，提高了水果的品质。产品京彩番茄皮薄汁多、酸甜可口，甜度达8度以上，最高甜度达到12度；草莓色泽艳丽，柔嫩多汁，营养丰富，口味佳，外观漂亮，是一个鲜食加工兼用的品种。

四、供应周期

草莓：12月初至翌年5月。

番茄：10月至翌年6月。

五、推荐贮藏和食用方法

【贮藏方法】冷藏贮藏。

【食用方法】草莓：可鲜食，也可制作果酱、果饮等。番茄：可鲜食、烹炒、煮汤等。

六、采购渠道信息

北京奥仪凯源蔬菜种植专业合作社

联系地址：北京市密云区穆家峪镇前栗园村

联 系 人：郑海燕

联系电话：13810213856

登录编号：BJYN-CP-2021012

京密

京密　只为健康酿造

一、品牌简介

"京密"商标注册于 2006 年，来自京城水源地密云的优质蜂产品。"京密"牌蜂产品目前有荆花蜜、巢蜜、蜂花粉、蜂胶、蜂王浆、蜂蛹、蜂妆共 7 类 50 余种产品，主打产品以绿色荆花蜜为主，包装形式多样化，适合不同需求的人群。

二、品牌荣誉

2020 年获第二十一届中国绿色食品博览会金奖，并被评定为全国农产品质量安全与营养健康科普基地；2021 年荣获全国名特优新农产品、蜂蜜感官品质大赛荆条蜂蜜银奖、荆条巢蜜银奖、2021 年度北京消费者协会诚信服务承诺活动先进单位，并入选"北京优农"品牌目录。

三、产品特点

成熟荆花蜜 100% 由蜜蜂采集无污染野生荆条，物理加工过程简单，无浓缩、无添加，产品波美度 42 度以上，味道香浓，口感甜润，有荆花香味。液体蜜呈琥珀色、结晶乳白，而且细腻，味道香醇，口感甜润，入口留香，是荆花蜜中的极品。

四、供应周期

全年。

五、推荐贮藏和食用方法

【贮藏方法】阴凉干燥处密封保存。

【食用方法】直接冲饮或涂抹食品。

六、采购渠道信息

北京京纯养蜂专业合作社

联系地址：北京市密云区太师屯镇龙潭沟村村西

联 系 人：董恒飞

联系电话：010-65442040

⊙ 产品品牌——墨粟

登录编号：BJYN-CP-2021013

"墨粟" 黑粮进万家
健康养生好产品

一、品牌简介

"墨粟" 创立于 2012 年，源自北京密云知名的黑色杂粮产品，为北京健农特色农产品种植专业合作社所拥有。目前，合作社是一家集种植、生产、销售于一体的杂粮企业，其充分利用电视台、网络等各类媒体，以新闻报道、专题片、走进社区等形式宣传合作社品牌，每年带着墨粟品牌系列杂粮产品走进社区。此外，合作社本着诚信赢得用户的原则，为产品品牌开创了一条发展之路，带动更多农户加入合作社，并为密云区的农业科技创新、农作物新品种引进做出了贡献。

二、品牌荣誉

2019 年获评北京农业好品牌；2021 年入选 "北京优农" 品牌目录；2022 年墨粟黑粮种植基地获得北京市农村妇女双学双比活动示范基地。

三、产品特点

合作社种植的黑色农产品取得无公害认证，主要包括黑花生种植地、黑玉米、黑小麦。合作社开发的 "黑色系列" 食品含有丰富的膳食纤维、蛋白质，而且人体必需的氨基酸、不饱和脂肪含量高，矿物质含量丰富全面。

四、供应周期

全年。

五、推荐贮藏和食用方法

【贮藏方法】避光、阴凉、干燥通风处保存。

【食用方法】煲粥，磨粉。

六、采购渠道信息

北京健农特色农产品种植专业合作社

联系地址：北京市密云区十里堡镇庄禾屯村北 1 500 米

联 系 人：胡跃农

联系电话：13381142116

延庆区
(14个)

登录编号：BJYN-GY-202108

妫水农耕　品在其中

一、品牌简介

"妫水农耕"品牌诞生于北京市延庆区。2019年9月，在延庆区人民政府的倡导下，"妫水农耕"品牌应运而生，属于延庆区农产品区域公用品牌。该品牌的主营业务包括新鲜蔬菜零售、新鲜水果零售、农副产品销售以及农产品生产、加工、销售等，所售产品包括有机果品、有机蔬菜、有机畜产品、有机杂粮、花卉园艺五大类，主要致力于为本地及北京市民提供优质可靠、品类丰富的农副产品。

二、品牌荣誉

2022年被评定为北京网红旅游伴手礼——妫水农耕圣女果；2021年"妫水农耕"包装收录于全国农产品包装标识典范名录，并入选"北京优农"品牌目录。

三、产品特点

产品涵盖了绿色安全蔬菜、优质干鲜果品、高档花卉园艺、精品优质粮经、健康特色养殖五大类别，其中蔬菜果品天然有机绿色，让人吃得安心；优质粮经健康美味，让人食得放心；园艺、养殖极具特色，让人赏得舒心、食得安心，为消费者感受高品质绿色生活提供了有利条件。

四、供应周期

全年。

五、推荐贮藏和食用方法

【贮藏方法】保鲜库、冷冻库、普通仓库。

【食用方法】凉拌或烹煮煎炒等。

六、采购渠道信息

北京八达岭智慧旅游有限公司

联系地址：北京市延庆区中关村延庆园风谷四路8号院27号楼B座二层242室

联　系　人：郭振华

联系电话：18612310765

企业品牌——绿富隆

登录编号：BJYN-QY-2021063

绿富隆 LutuLong® **专注有机农业　引领绿色生活**

一、品牌简介

北京绿富隆农业科技发展有限公司成立于2002年，为延庆区属国有全资农业企业，以"专注有机农业，引领绿色生活"为宗旨，大力发展有机农业，主要业务涵盖生产服务、营销流通、科技创新、金融保障四大板块。目前，公司已通过有机、无公害等多项认证。

二、品牌荣誉

2023年荣获第九届北京草莓之星评选活动三星奖，并入选北京园林绿化专家工作站；2022年荣获北京冬奥会和冬残奥运会供应保障单位、服务保障贡献集体、北京市安康杯竞赛优胜单位；2021年入选北京市芳香蔬菜种质资源圃及"北京优农"品牌目录，并荣获北京市垃圾减量净菜加工示范企业、北京市农业产业化龙头企业协会2020年度协会工作先进集体、国家农民合作社示范社。

三、产品特点

绿色有机，自然成长，自然成熟；种植过程标准化；整个生产过程都不使用化学合成的农药、肥料、除草剂和生长调节剂等物质，并采用生物、物理方法防治病虫害。

四、供应周期

全年。

五、推荐贮藏和食用方法

【贮藏方法】保鲜库，普通仓库要避光阴凉。

【食用方法】凉拌或烹煮煎炒等。

六、采购渠道信息

绿富隆延庆优质农产品旗舰店

联系地址：北京市延庆区东外大街60号

联 系 人：卫秀蕊

联系电话：13521755962

登录编号：BJYN-QY-2021064

专注有机 更关心你

一、品牌简介

北京北菜园农业科技发展有限公司以"种全国，供北京"为发展战略，率先建立了信息化农业管理模式，并建有4大管理系统和15重品质保障环节。目前，公司拥有种植基地1 200亩，产业协作基地5 300亩，全年可供应有机蔬菜50余种，年供有机蔬菜总量达4 000吨。

二、品牌荣誉

2023年被评为2022年北京市生态农场；2022年被评为北京2022年冬奥会和冬残奥会供应保障单位和服务保障贡献集体；2021年入选"北京优农"品牌目录，并被评为农业农村信息化示范基地（生产型）；2020年被评为北京市农业科技示范基地等。

三、产品特点

公司位于延庆区康庄镇，空气、水的质量达到了国家二级标准，土壤达到了国家一级土壤环境质量标准。产品广泛应用天敌昆虫防治设施大棚内农作物的病虫害，采用"六统一"的管理模式和"三七开"的分配管理机制，实施"滚动性生产"的生产模式，利用物联网对产销过程进行标准化管理。

四、供应周期

全年。

五、推荐贮藏和食用方法

【贮藏方法】保鲜库。

【食用方法】凉拌或烹煮煎炒等。

六、采购渠道信息

北京北菜园农业科技发展有限公司

联系地址：北京市延庆区康庄西桑园南区5号院

联 系 人：孙建立

联系电话：13911894733

抖音

365鲜生鲜一站购

企业品牌——五福兴农

登录编号：BJYN-QY-2021065

五福兴农果然不同

一、品牌简介

北京五福兴农种植农民专业合作社联合社成立于 2012 年 6 月，占地面积 3 000 余亩，由镇域内 6 家种植专业合作社组成，成员总数 440 人，主要经营果品、蔬菜、花卉、五谷杂粮、蛋类、中草药、苗木等。2015 年注册了"五福兴农""妫川苹果""妫川皇桃"等商标。

二、品牌荣誉

联合社先后获得了妫水农耕品牌、延怀河谷品牌和京津冀优质农产品金禾奖。此外，还获得 2022 年京津冀协同发展优质晚熟葡萄金奖 1 个、优质奖 2 个，第七届国际葡萄文化节银奖，妫川苹果文化节国光组银奖，世界园艺博览会铜奖，第十八届国际农产品交易会最受欢迎农产品，并取得中华名果称号等多种奖项；2021 年入选"北京优农"品牌目录。

三、产品特点

联合社举生态旗，走绿色路，打特色牌。在标准化生产方面，统一种植规划、农资供应、育苗、病虫害防治、加工、品牌销售、废弃物回收，以保证产品从生产到销售的品质和一致性。此外，采用物理防治与生物防治相结合的病虫害防治技术，以保证所生产产品的绿色与健康。

四、供应周期

桃：6—8 月；葡萄：9—10 月；苹果：10 月至翌年 3 月；玉米：9—10 月；五谷杂粮：10 月；蔬菜：6—10 月。

五、推荐贮藏和食用方法

【贮藏方法】冷库贮藏、冰箱冷藏贮藏、阴凉处贮藏。

【食用方法】桃：水蜜桃饮料；葡萄：葡萄酒、葡萄榨汁等；苹果：苹果醋、苹果酒、苹果干等。

六、采购渠道信息

北京五福兴农种植农民专业合作社联合社

联系地址：北京市延庆区张山营镇胡家营村

联 系 人：高　云

联系电话：13810038629

"妫川源"健康之源　美好之源！

一、品牌简介

北京王木营蔬菜种植专业合作社始建于 2009 年，2010 年注册商标"妫川源"，2014 年被评为国家级农民合作社示范社。合作社地处妫水河上游，傍妫川之源，占上水之利，此其一也；靠施有机肥、生物防治病虫害生产的蔬菜获绿色认证，食之增强免疫力，实为健康之源，此其二也；兼营多肉鲜花和绿化美化苗木，为公共场所、家居住宅进行装饰点缀，亦为美好之源。

二、品牌荣誉

2021 年被评为"北京市学农劳动基地"，并入选"北京优农"品牌目录。

三、产品特点

合作社的专业技术服务团队运用微生物肥料、绿色种植养殖技术深度改良土壤，引进先进的有机生态种植技术，保障绿色蔬菜生产质量，努力做到环境有监测、操作有规程、生产有记录、产品有检验、上市有标识，生产过程、生产资料全程透明可追溯，形成了一整套适合北京地区的蔬菜种植管理体系。合作社通过与科研机构合作，强化科学管理，细致优化成本，严格按质量标准生产，全年种植农作物 70 亩，认证的绿色蔬菜品种有韭菜、黄瓜、大白菜等19 个品种，并且做到了诚信经营。

四、供应周期

全年。

五、推荐贮藏和食用方法

【贮藏方法】冷藏贮藏。

【食用方法】鲜食。

六、采购渠道信息

北京王木营蔬菜种植专业合作社

联系地址：北京市延庆区井庄镇王木营村东

联　系　人：王留芳

联系电话：13801107211

⊙ 企业品牌——德青源

德青源 DQY ECOLOGICAL® **五重标准 国民好蛋**

一、品牌简介

北京德青源农业科技股份有限公司是中关村自主创新示范区的国家高新技术企业、农业产业化国家重点龙头企业。自 2000 年成立以来，公司先后承担奥运会、世锦赛、进博会、园博会、APEC、G20、纪念抗战胜利阅兵式、十九大等国际、国家重大活动的蛋品供应重任。此外，为推动食品安全，德青源还创建了"鸡蛋身份证制度"，结束了中国鸡蛋"无品牌、无生产日期、无农场追溯"的"三无"历史，推动并参与制定了中国第一部包装鸡蛋标准，开创了我国鸡蛋品牌的先河。

二、品牌荣誉

2021 年入选"北京优农"品牌目录；2019 年荣获"全球减贫案例征集活动"最佳案例；2017 年荣获"全国脱贫攻坚创新奖"；2008 年获由世界蛋品协会（IEC）颁发的全球水晶鸡蛋奖。

三、产品特点

公司引进美国优质海兰鸡种，采用欧盟标准管控，从雏鸡选育开始，利用谷物进行科学配比喂养。德青源 A 级鸡蛋采用企业标准作为生产标准，食品安全标准高于国家标准，并采用先进的 MOBA 设备，通过"清洗烘干→紫外杀菌→称重分级→裂纹检测→涂油锁鲜→品牌喷码→包装运输→分销"等多重环节，将高品质、安全放心的鸡蛋成功送达消费者的餐桌。

四、供应周期

全年。

五、推荐贮藏和食用方法

【贮藏方法】阴凉通风，避免高温潮湿（2 ～ 6℃冷藏更佳）。

【食用方法】蒸、煮、煎、炸均可。

六、采购渠道信息

北京德青源农业科技股份有限公司

联系地址：北京市海淀区丰秀中路 3 号院 10 号楼

联 系 人：王 超

联系电话：17600557875

登录编号：BJYN-YQ-2022003

茂源广发

有良心的农民　种健康蔬菜
做好食品安全

一、品牌简介

北京茂源广发农业发展有限公司位于延庆区延庆镇广积屯村，其运用自然生态农业结合现代循环农业原理，生产的蔬菜全部采用统防统治、绿色生态的种植方式。公司自建有蔬菜育苗场，年繁育蔬菜种苗500多万株，同时拓展盆景蔬菜培育，年培育销售盆栽蔬菜一万多盆。此外，公司还引进北京传统黑猪，以绿色蔬菜配以杂粮喂养，让广大消费者在享用健康蔬菜的同时也能回味二十世纪六七十年代猪肉的味道。在循环利用方面，通过利用沼气站把养殖黑猪产生的排泄物和田园垃圾混合发酵成沼渣、沼液进行蔬菜种植。在现代科学、规范的管理思想指导下，公司将蔬菜种植、生猪养殖、沼气发酵和菜田涵养结合起来形成"四位一体"生态循环系统，做到种植养殖并举、产气积肥同步、能流物流良性循环，在生产全过程中实现了"0污染""0排放"和节水节电的新能源模式。

二、品牌荣誉

2022年入选"北京优农"品牌目录。

三、产品特点

公司拥有优越的地理位置、优良的水质、肥沃的土壤和干净的空气，而且种植养殖园区远离城市，处在北京的生态屏障和重要水源地之中，作为北京市首批绿色防控示范基地，运用自然生态农业结合现代循环农业的原理，生产的蔬菜全部采用统防统治、绿色生态的种植方式，通过应用天敌昆虫、生物农药、物理诱控、熊蜂授粉、测土配方施肥、工厂化生产、绿色防控等措施，生产的果蔬质量好、品质高。

四、供应周期

全年。

五、推荐贮藏和食用方法

【贮藏方法】短时贮藏，普通冰箱即可。

【食用方法】可鲜食、凉拌、热炒、锅蒸、做汤等。

六、采购渠道信息

北京茂源广发农业发展有限公司

联系地址：北京市延庆区延庆镇广积屯村

联　系　人：张玉琴

联系电话：13716662039

◉ 产品品牌——京农绿惠

登录编号：BJYN-CP-2021037

种好菜　过好生活

一、品牌简介

"种好菜，过好生活"，是北京绿惠种植专业合作社一直以来践行的宗旨。合作社以生态循环农业发展为目标，发挥规模生产优势，不断引进先进、绿色、安全生产技术，不断提高产品产量和品质，并进一步促进品牌价值提升，逐步形成了"技、产、销"一体化的良性循环发展模式。

二、品牌荣誉

2022 年被农业农村部农业生态与资源保护总站评为国家级生态农场；2021 年经中国绿色食品发展中心认定为绿色食品 A 级产品，并获得富硒蔬菜产品认证，受到延庆区农业农村局规范化先进表彰，而且入选"北京优农"品牌目录。

三、产品特点

公司选择的育苗棚室达到绿色标准化生产规范的育苗基地，通过土壤改良强化有机肥料的施肥力度，并采用生物菌肥法、生物闷棚等进行设施内土壤消毒，以及在园区安装杀虫灯、用生物农药代替化学农药、引进应用纳米膜堆肥发酵处理技术对畜禽粪便等有机废弃物进行无害化处理及资源化利用，提高了产品品质和资源利用率。

四、供应周期

春季供应周期 6—7 月；秋季供应周期为 9—10 月；应季供应番茄、西瓜、莴苣、甘蓝、大白菜、青花菜、花椰菜等绿色蔬菜。

五、推荐贮藏和食用方法

【贮藏方法】保鲜库、普通仓库。

【食用方法】西兰花、生菜：主要供西餐配菜或做沙拉。

六、采购渠道信息

北京绿惠种植专业合作社

联系地址：北京市延庆区大榆树镇高庙屯村西 500 米

联 系 人：李建军

联系电话：13910500437

登录编号：BJYN-CP-2021038

产品品牌——金粟丰润

顺应自然 和美百年

一、品牌简介

北京金粟种植专业合作社成立于 2009 年，占地 354 亩。目前，合作社有日光温室 68 栋、智能温室 1 栋，栽植鲜食葡萄品种 60 余种。合作社于 2014 年注册了"金粟丰润"商标，2016 年获得了有机认证证书。经过多年的探索，合作社现已研发并掌握了独特的设施葡萄一年两熟技术，并筛选出适宜一年两熟的葡萄新品种 12 个，并申请技术发明专利 6 项。多年来，合作社一直致力于推广标准化种植技术，并且通过标准化走上了品牌化发展道路。

二、品牌荣誉

2022 年入选北京市休闲农业十大学农教育和农事体验园、熊猫指南中国优质农产品榜单 2022 年度榜单（火焰无核、瑞都科美）；2021 年荣获第十八届中国国际农产品交易会最受欢迎农产品、京津冀协同发展优质葡萄晚熟葡萄擂台赛金奖等，并入选"北京优农"品牌目录；2020 年荣获全国优质晚熟葡萄评比金奖等。

三、产品特点

金粟丰润有机葡萄生长于延怀河谷葡萄产区。该产区有 700 多年的葡萄栽培史，是中国著名的葡萄产区。该产区具有生产优质葡萄所需的温度、光照条件并且昼夜温差大，有利于葡萄果实中糖分的积累，这些有效的生产条件为有机葡萄生产提供了重要保证。此外，合作社作为延怀河谷产区最大的有机葡萄种植基地，种植鲜食葡萄品种 60 余种，2014 年取得有机认证，生产的有机葡萄糖度基本大于 18%，葡萄风味独特，麝香味、草莓香味、玫瑰香味葡萄等曾多次在全国鲜食葡萄评比中获得金奖。

四、供应周期

全年。

五、推荐贮藏和食用方法

【贮藏方法】低温保鲜。

【食用方法】鲜食。

六、采购渠道信息

北京金粟种植专业合作社

联系地址：北京市延庆区延庆镇唐家堡村

联 系 人：朱小华

联系电话：13261821134

金粟朱小华

扫码关注我的相册

⦿ 产品品牌——前龙

登录编号：BJYN-CP-2021039

观光旅游到延庆　品前龙有机葡萄

一、品牌简介

"前龙" 品牌始创 2003 年 6 月，寓意为延庆区张山营镇前黑龙庙村（简称"前庙村"）的葡萄产业能像巨龙一样飞黄腾达、蒸蒸日上，能创造出一个质量有保障、品质上乘的品牌。自从品牌创立后，多次获得国家、市、区及有关部门的奖励。此外，前庙村葡萄专业合作社在生产经营管理中，严格按国家标准进行生产管理，产品质量上乘，市场信誉良好，得到了消费者的普遍认可。

二、品牌荣誉

2022 年获京津冀协同发展优质晚熟葡萄擂台赛金奖，被评为 3·15 产品质量安全标准优质单位；2021 年获京津冀协同发展优质晚熟葡萄擂台赛优质奖，其'红地球'葡萄荣获中国果品流通协会"中华名果"称号，并入选"北京优农"品牌目录。

三、产品特点

合作社培育栽植有 17 个优质葡萄品种。合作社在生产经营管理中，严格按照国家标准进行生产、管理，产品质量上乘、市场信誉良好，得到消费者的普遍认可，而且产品在市场抽检中从未出现过质量问题。

四、供应周期

8 月 20 日至翌年 2 月。

五、推荐贮藏和食用方法

【贮藏方法】

（1）家庭贮藏时，保鲜袋内放入一层纸，把摘好的葡萄放在上面，再放一展纸密封，放入冰箱冷藏。

（2）葡萄在架到 9 月底前后采摘，准备好纸箱及塑料箱、保鲜袋，再把保鲜袋放入箱内，放入一层纸，放入摘好的葡萄，再放入一层纸盖在上面密封，放入平房阴处存放。

【食用方法】清洗干净后，即可食用。

六、采购渠道信息

北京市前庙村葡萄专业合作社

联系地址：北京市延庆区张山营镇前黑龙庙村村委会院内

联 系 人：张进元

联系电话：13911410958

登录编号：BJYN-CP-2021040

葡萄遍地数　延庆"妫河谷"

一、品牌简介

"妫河谷"名称的缘由在于北京绿野地葡萄种植专业合作社位于妫水河北岸，东西绵延于延庆与怀来两地。合作社葡萄种植基地作为张山营镇千亩有机葡萄示范基地的核心区，承载着市、区、镇、村各级领导对葡萄产业发展的期望，肩负着带动张山营镇葡萄产业发展的责任，也是实现"绿野地人"克服资金、市场诸多困难奋发有为的理想抱负的实干场。

二、品牌荣誉

2022年荣获京津冀协同发展优质晚熟葡萄擂台赛金奖；2021年荣获京津冀协同发展优质晚熟葡萄擂台赛金奖，并入选"北京优农"品牌目录；2020年"户太8号"葡萄荣获全国优质晚熟优质奖、"蜜汁葡萄"荣获第四届延怀河谷优质鲜食葡萄擂台赛优质奖。

三、产品特点

从农田的土、肥、水入手，汇集国家产业体系土壤环境、病虫防治、栽培管理等方面的专家，系统检测分析土壤肥力、土壤环境、病虫害发生规律、气候特征、灌溉用水及施肥等指标，实施土壤调理、科学施肥、节水灌溉、病虫害综合防治、规范化栽培管理等技术研究成果与应用示范。

四、供应周期

6—12月。

五、推荐贮藏和食用方法

【贮藏方法】

（1）冷藏：准备干净的保鲜盒，底部铺放一层纸，将摘好的葡萄放在上面，密封时再放一层纸，放入冰箱内冷藏。

（2）冷冻保存：先将葡萄沿细梗剪掉，洗净，并将表面的水分沥干，最后再装入到保鲜盒中，放在冰箱里冷冻保存。

（3）罐藏：将葡萄做成罐头，存放在阴凉、干燥的环境下。

【食用方法】清洗后，可食用。

六、采购渠道信息

北京绿野地葡萄种植专业合作社

联系地址：北京市延庆区张山营镇后黑龙庙村

联系人：贾　明

联系电话：13801364249

◎ 产品品牌——Le voyage 乐航

登录编号：BJYN-CP-2021041 |

品质第一　客户至上

一、品牌简介

Le voyage（乐航）品牌的主要产品为鸭肥肝以及法式鸭肉系列。对于这个品牌的建立、规划，有两个团队在做品牌推广和市场策划。经过7年的努力，其产品品牌已经在高端餐饮和名厨之中有了良好的口碑。目前，该品牌产品做到了全程可追溯，在众多国内外品牌的竞争下，本着不掺假的初心，保证高品质的产品质量，树立了良好的产品形象和企业形象。

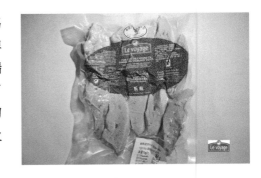

二、品牌荣誉

2021年入选"北京优农"品牌目录。

三、产品特点

公司鸭苗从法国进口。鸭苗育肥占地25亩，拥有25个填饲车间，每个车间可以同时容纳2 000只鸭子，并且采用法国最传统的填饲技术和延庆当地出产的玉米，整颗粒填饲喂养。

屠宰加工车间占地200亩，其中冷库有保鲜库和冷冻库，能够容纳5 000吨禽产品，提高了农产品的仓储能力，而且车间采用百万级净化车间，脏区与净区分离，流水线采用法国技术。

四、供应周期

全年。

五、推荐贮藏和食用方法

【贮藏方法】保存在 -18℃以下。

【食用方法】鸭肝生煎至熟即食。

六、采购渠道信息

延续（北京）禽业养殖有限责任公司

联系地址：北京市延庆区大榆树镇小张家口村西

联 系 人：汪　乐

联系电话：13488857229

登录编号：BJYN-CP-2021043

自然回　本健康

一、品牌简介

北京归原生态农业发展有限公司成立于2006年4月，位于北京生态涵养区的延庆。公司成立初期，就以绿色发展为己任，秉承"细心、精心、用心，品质永保称心"的经营理念，依托企业先进的生产设备和科学的管理模式，以市场为导向，以科技为支撑，以质量为生命，在种养加的整个生产过程中摈弃一切化学物质的介入，将农业生产回归到自然生态的本源。

二、品牌荣誉

2022年成为北京母婴服务协会理事单位；2021年成为中国优生优育协会母婴产业服务专委会理事单位，并入选"北京优农"品牌目录。

三、产品特点

种、养、加工通过了有机认证；种植过程不使用化肥、化学农药；养殖过程不使用抗生素；多品种奶牛混养模式，用牛自身条件调节牛奶的口感，采用巴氏杀菌工艺，在杀死有害菌的同时，营养成分的保留高于普通牛奶，相对于一般牛奶，归原有机牛奶更富含维生素E、不饱和脂肪酸、omega-3脂肪酸、维生素原A等抗氧化物质。

四、供应周期

全年。

五、推荐贮藏和食用方法

【贮藏方法】低温冷藏（2～4℃）。

【食用方法】开盒/杯即食，无须加热。

六、采购渠道信息

北京归原生态农业发展有限公司

联系地址：北京市延庆区康庄镇大营村南500米

联 系 人：王秀梅

联系电话：13716816554

⊙ 产品品牌——龙海源

登录编号：BJYN-CP-2022004

龙海源草莓带给您"莓"好的一天
让生活更"莓"好

一、品牌简介

北京龙海源农业种植专业合作社以种植草莓为主，品种有香野、圣诞红、红颜、章姬等，2019 年注册了"龙海源"商标，商标外形是棵草莓，寓意龙海源草莓带给您"莓"好的一天，让生活更"莓"好，同时以"莓"为媒，带动发展，助力乡村振兴。合作社所在位置延庆位于北纬 40°，这一纬度是国际公认的草莓最佳生产带，能够满足草莓生长的各项气候指标。

二、品牌荣誉

2021 年在北京市农业技术推广站组织的第七届"北京草莓之星"评选活动中获得四星奖；2022 年入选"北京优农"品牌目录。

三、产品特点

合作社不断加强与科研院所的合作，引进、选育适宜的草莓新品种，以优化合作社种植的草莓品种，而且全面推行统一标识、统一印刷、统一使用的品牌使用制度，以提高草莓产业的附加值。合作社制定了绿色草莓生产操作规程，对草莓的品种选择、产地环境、病虫害防治、采收等环节进行了规范，以实行草莓标准化生产。同时，合作社大力推广超高垄省力栽培、太阳能高温消毒、水肥一体化等绿色生产模式，以提升草莓基地的土壤肥力、草莓的整体品质和质量安全水平。

四、供应周期

12 月初至翌年 5 月底，供应周期半年。

五、推荐贮藏和食用方法

【贮藏方法】草莓贮藏前不要洗，要把坏的腐烂的草莓挑出来，把草莓不重叠的摆入保鲜盒中，放进冰箱的蔬果冷藏室。

【食用方法】可以将草莓洗干净直接食用，也可以做成草莓果酱、草莓罐头、草莓汁、草莓酒、草莓糖葫芦等。

六、采购渠道信息

北京龙海源农业种植专业合作社

联系地址：北京市延庆区延庆镇卓家营村北 150 米路东

联 系 人：徐博洋

联系电话：13910366575

首农食品集团（16个）

登录编号：BJYN-GY-202109

正宗烤鸭原料专家

一、品牌简介

北京鸭是世界著名的优良肉用鸭标准品种，具有生长发育快、育肥性能好的特点，是闻名中外的"北京烤鸭"的制作原料。目前，我国已经完全摆脱了那种以农民家庭养殖鸭和自我消费为主的自然经济模式，养鸭已定格在农业产业化的经济模式之中，而我国的北京鸭产业发展正是这一模式的典型代表，见证了肉鸭产业化的全过程。

二、品牌荣誉

2021年入选"北京优农"品牌目录；2020年获评农产品地理标志产品。

三、产品特点

产品主要有北京鸭种苗、肉鸭。北京鸭肉质鲜美，繁殖率高，早期生长速度快，抗病力和适应性强，饲料报酬率高，易育肥。

四、供应周期

全年。

五、推荐贮藏和食用方法

【贮藏方法】屠宰后贮藏于-18℃以下。

【食用方法】吊炉烤制、家庭烤制。

六、采购渠道信息

北京金星鸭业有限公司

联系地址：北京市大兴区旧宫镇德茂庄德裕街7号

联 系 人：何艳东

联系电话：15350689768；010-67965682

⊙ 企业品牌——古船（大米）

登录编号：BJYN-QY-2021068

古船相伴　健康永远

一、品牌简介

古船，源自描绘京杭大运河的《清明上河图》；古船，一个诞生自首都北京的著名品牌；古船，拥有极高的品牌价值；古船，一个粮油食品产业的家族，涵盖古船面粉、古船油脂、古船面包等。古船米业是这个品牌中粮油行业支柱中的重要一员，隶属于全国500强企业北京粮食集团有限责任公司。

二、品牌荣誉

2022年荣获全国放心粮油示范工程示范加工企业；2021年入选"北京优农"品牌目录；2020年荣获中国国际粮油产品及设备技术展示交易会金奖、北京市粮食行业协会北京好粮油"古船"牌吉林大米（吉林市小町米）等。

三、产品特点

主要产品为古船多谷米、古船吉林市长粒香米、古船吉林市小町米、古船长粒香米。产品具有较高的营养价值，米粒细长，且晶莹剔透，口感细腻，独具清香气味。

四、供应周期

全年。

五、推荐贮藏和食用方法

【贮藏方法】置于阴凉、干燥、通风处（建议最佳贮存温度为20℃以下）。

【食用方法】蒸饭、煮粥等。

六、采购渠道信息

北京古船米业有限公司

联系地址：北京市顺义区正大路2号院21幢

联　系　人：温明磊

联系电话：13001008258

古船相伴　健康永远

一、品牌简介

"古船"商标注册于 1992 年，诞生自首农食品集团，名字源于描绘京杭大运河的《清明上河图》，拥有极高的品牌价值。"古船"是一个粮油食品产业的家族，杂粮是其中的一个板块。

二、品牌荣誉

2023 年荣获第十九届中国国际粮油产品及设备技术展示交易会金奖；2021 年入选"北京优农"品牌目录。

三、产品特点

古船杂粮系列有古船豆浆果、红小豆、黄豆、绿豆、荞麦米、小米、薏仁米、紫米等 60 多个品种规格，可为用户提供 5 千克、25 千克规格杂粮产品及各类杂粮粉类产品。在粮食的加工生产过程中，使用世界最先进的全自动色选机、包装机等生产设备，制成籽粒饱满、粒度均匀、品质上乘的多品种谷类、豆类产品。古船杂粮系列产品是宾馆饭店、餐饮行业、机关单位及家庭餐桌上的首选产品。

四、供应周期

全年。

五、推荐贮藏和食用方法

【贮藏方法】阴凉避光干燥处。

【食用方法】蒸煮后食用。

六、采购渠道信息

北京京粮东方粮油贸易有限责任公司

联系地址：北京市丰台区大红门久敬庄 24 号

联系人：白　桦

联系电话：13683607786；010-67978059

◎ 企业品牌——裕农

登录编号：BJYN-QY-2021070

 **中国高品质鲜切蔬菜引领者**

一、品牌简介

北京市裕农优质农产品种植有限公司是集蔬菜种植、加工、销售、科研为一体的全产业链的高新技术企业，成立于1992年，致力于提升城市居民高品质蔬食消费质量，参与制定了《鲜切蔬菜加工技术规范》和《鲜切蔬菜》两个农业部颁布的行业标准，而且是众多国内外知名餐饮企业在中国的长期蔬菜供应商。

二、品牌荣誉

北京市农业产业化重点龙头企业；1990年亚运会，2008年奥运会、残奥会，2014年南京青奥会，2022年冬奥会、冬残奥会的指定蔬菜供应商，并获得"2022年冬奥会、冬残奥会服务保障贡献集体"称号；2021年入选"北京优农"品牌目录。

三、产品特点

公司深耕蔬菜鲜切领域三十余年，基地定植管控自加工 B 端大客户订制产品。此外，公司通过全产业链布局，从农资投入、原料种植到加工生产和全程冷链的销售供应，做到全流程严格把控，全年不间断地为市场提供高品质鲜切蔬菜产品，深得客户信赖。

四、供应周期

全年。

五、推荐贮藏和食用方法

【贮藏方法】常温或低温冷藏。

【食用方法】烹饪食用、开盒即食、佐餐等。

六、采购渠道信息

北京市裕农优质农产品种植有限公司

联系地址：北京市怀柔区雁栖经济开发区乐园大街 26 号

联 系 人：董　速

联系电话：010-62925200

登录编号：BJYN-QY-2021071

做中国人自己的味道

一、品牌简介

北京王致和食品有限公司始创于公元 1669 年，其将传承与创新相结合，形成了文化、品牌、技术、渠道和运营五大发展优势，产品行销全国，远销海外，品牌形象深入人心，是国内最大的腐乳生产企业。

二、品牌荣誉

曾获"中华老字号""中国驰名商标"；"王致和腐乳酿造技艺"为国家级非物质文化遗产；2017 年荣获"北京市人民政府质量管理奖提名奖"，是该届唯一获奖的老字号食品企业；2021 年公司荣获"首都文明单位标兵"荣誉称号；2021 年入选"北京优农"品牌目录。

三、产品特点

该品牌拥有腐乳、料酒、黄豆酱、火锅调料、香油、芝麻酱、辣椒酱等不同系列百余种产品。该品牌的腐乳突出"细、软、鲜、香"的口味特色。在实际运行核心技术不转移的委托加工模式过程中，由公司制定统一的生产工艺和标准，并按照相同的标准采购原辅料、包装物，统一调拨给受托方使用，并由公司统一组织相关技术培训工作。

四、供应周期

全年。

五、推荐贮藏和食用方法

【贮藏方法】密闭常温。

【食用方法】腐乳开盖即食；佐餐佳品。

六、采购渠道信息

北京王致和食品有限公司

联系地址：北京市海淀区阜石路 41 号院 24 号楼

联 系 人：王　玙

联系电话：13020036586

王致和食品旗舰店
邀请好友来扫一扫分享店铺给TA

◎ 企业品牌——峪口禽业

登录编号：BJYN-QY-2021072

 **引领中国家禽产业健康发展**

一、品牌简介

"峪口禽业"是北京市华都峪口禽业有限责任公司的企业自有品牌。公司是首农食品集团旗下的家禽育种公司，已成为农业产业化国家重点龙头企业、国家高新技术企业和全球最大的蛋鸡制种公司。目前，公司拥有原种 10 万只、祖代 55 万套、父母代 525 万套，年产商品代雏鸡 5.3 亿只，并入选国家畜禽种业"强优势"阵型企业，成为全力打造的家禽行业"中国芯"。

二、品牌荣誉

先后荣获农业产业化国家重点龙头企业、教育部科学技术进步奖一等奖、国家知识产权优势企业、农业农村信息化示范基地（生产型）、神农中华农业科技奖一等奖，并入选农业农村部农业品牌创新发展典型案例。2021 年入选"北京优农"品牌目录。

三、产品特点

公司建立了以生物技术为核心、信息技术为支撑的现代化育种技术体系，自主培育京系列蛋鸡品种和沃德系列肉鸡品种。公司建立有涵盖原种、祖代和父母代的三级良种繁育体系，提出 4A 级雏鸡质量标准，并持续打造质量管理体系。公司建设的"智慧蛋鸡"服务平台，通过"汇资讯、会养鸡、惠交易"，创建了线上线下一体化智慧服务的新业态。

四、供应周期

全年。

五、采购渠道信息

北京市华都峪口禽业有限责任公司

联系地址：北京市平谷区峪口镇兴隆庄北街 3 号

联 系 人：韩忠栋

联系电话：13810886794

登录编号：BJYN-QY-2021073

做中国育种专家
打造民族种业品牌

一、品牌简介

"BBSC"作为北京养猪育种中心的企业品牌，于2000年进行注册。中心年向社会提供血统纯正、品种齐全、性能优秀、安全健康的种猪3万头，得到了广大养殖户的一致认可，为我国种猪推广和生猪生产及遗传改良做出了积极贡献。

二、品牌荣誉

2023年通过北京市专精特新中小企业认定，荣获2022年度全国优秀楼房猪场奖；2022年荣获"国家畜禽种业阵型企业"称号，喜获"2021年度北京市科学技术奖""2019—2021年度全国农牧渔业丰收奖一等奖"；2021年获颁"高新技术企业证书"，并获得"首批国家级动物疫病净化场"称号，而且入选"北京优农"品牌目录。

三、产品特点

"BBSC"品牌种猪资源十分丰富，拥有法系、美系、英系大白和长白种猪，美系和台系杜洛克以及达兰配套系种猪。经长期的专门化品系培育和大量的配合力测定工作，筛选出最佳的杂交配套组合，培育出的中育配套系种猪具有产仔数高、繁殖力强、生长速度快、饲料报酬率高等特点，中育猪配套系商品猪具有生长速度快、饲料转化率高、胴体瘦肉率高和肉质好等特点。"BBSC"品牌猪的生产管理标准化走在了全国前列。

高瘦肉率品系　　　　　　　　　　节粮品系

高生长速度种猪　　　　　　　　　　高产仔种猪

四、供应周期

全年。

五、采购渠道信息

北京养猪育种中心

联系地址：北京市海淀区上庄镇前章村西侧500米

联　系　人：赵久彪

联系电话：13701195543

◎ 企业品牌——华都食品

登录编号：BJYN-QY-2021075

始于 1982 专注安全鸡肉

一、品牌简介

华都食品始创于 1982 年，目前为河北滦平华都食品有限公司所拥有，而且该公司已经发展成为集肉鸡育种、养殖、饲料生产、肉鸡屠宰、食品加工、物流配送和国内外销售于一体的鸡肉全产业链企业。公司的主要产品有鸡肉分割鲜冻品、调理品、熟食制品、调味品、预制食品等，致力于为广大消费者提供"安全、营养、新鲜、美味、方便"的鸡肉食品。

二、品牌荣誉

公司为出口产品内外销"同线同标同质"促进联盟单位；荣获河北省畜牧兽医科技创新样板示范企业、省级安全文化建设示范企业、中国肉类产业领军品牌；公司为国家动物健康与食品安全创新联盟第一届理事会理事、河北省农业产业化省级示范联合体核心龙头企业；2021 年入选"北京优农"品牌目录。

三、产品特点

公司的全产业链经营，有鲜冻分割鸡、调理品、熟制食品、调味品。肉鸡饲养严格执行统一供应雏鸡、统一饲养管理、统一防疫消毒、统一供应饲料、统一供应药物、统一屠宰加工，全程严控食品安全与品质管理，确保产品安全、新鲜、高品质。加工食品通过 HACCP、ISO 9001、ISO 22000 等认证。

四、供应周期

全年。

五、推荐贮藏和食用方法

【贮藏方法】-18℃以下冷藏贮存。

【食用方法】油炸；蒸烤或微波烧烤等。

六、采购渠道信息

河北滦平华都食品有限公司

联系地址：河北省承德市滦平县滦平镇河滨路 9 号

联 系 人：修清华；周丹

联系电话：13520363682；15933596116

登录编号：BJYN-QY-2023015

传百年鲜香　享美味生活

一、品牌简介

"月盛斋"品牌始建于公元 1775 年（清乾隆四十年），是京城老字号的典型代表，目前由北京市清真食品公司所拥有。公司是北京市专营清真肉食品的民族企业，是国家民委和北京市民委确认的全国民族特需商品定点生产企业。月盛斋产品加工技艺是在综合吸收了清宫御膳房酱肉技术和皇城民间传统技艺的基础上形成的，是老北京饮食文化历史的最佳见证者。

二、品牌荣誉

2023 年入选"北京优农"品牌目录；2021 年荣获首都文明单位称号；2022 年荣获冬奥会和冬残奥会供应服务保障单位；2020 年公司全资子公司——北京雁栖月盛斋清真食品有限公司荣获高新技术企业认证。

三、产品特点

品种培优：在内蒙古、河北等地拥有十余个养殖基地，主要饲养的牛羊品种有西门塔尔牛、苏尼特羊、乌珠穆沁羊等。

品质提升：食品加工环节中的关键设备均引进国际先进技术并经第三方测试，整体基础设施建设在同行业中处于领先地位。

四、供应周期

全年。

五、推荐贮藏和食用方法

【贮藏方法】常温或低温冷藏。

【食用方法】月盛斋酱烧牛羊肉为成品熟食，打开包装即可食用。

六、采购渠道信息

月盛斋天猫旗舰店

联系地址：北京市丰台区南顶路 6 号

联 系 人：尤大巍

联系电话：13720089076

◎ 企业品牌——金星鸭业

登录编号：BJYN-QY-2023016

正宗烤鸭原料专家

一、品牌简介

北京金星鸭业有限公司隶属于北京首农食品集团旗下首农股份有限公司，是一家集北京鸭养殖、屠宰、加工、销售为一体的专业化、产业化现代企业，被誉为"正宗烤鸭原料专家"。

二、品牌荣誉

2020 年获得农业产业化国家重点龙头企业；2023 年入选"北京优农"品牌目录。

三、产品特点

作为北京鸭产业的龙头企业，金星鸭业在传承北京鸭传统饲养工艺的基础上，积极施行生态养殖发展战略，实现了养殖废弃物无害化和资源化利用，推进了环保生态型产业发展，走出了一条绿色安全生态养殖之路。在北京鸭父母代养殖、填鸭养殖、屠宰加工、销售等多个节点，均有专门的记录，为每一只出厂的金星鸭业北京鸭建立了一套完整的从源头到餐桌的"生长档案"和独有的身份证，确保了食品安全。金星鸭业通过了 ISO 9001 质量管理体系、ISO 22000 食品安全管理体系、ISO 14000 环境体系等认证，并获得了北京市模范集体、全国农业标准化示范农场、北京市农业产业化重点龙头企业、农业产业化国家重点龙头企业、国家高新技术企业、中关村高新技术企业、北京鸭地理标志产品授权使用单位等多项荣誉。

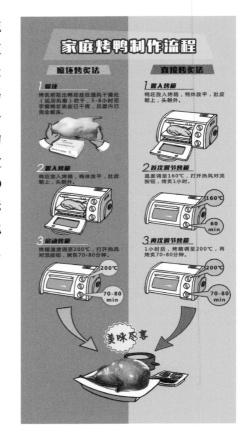

四、供应周期

全年。

五、推荐贮藏和食用方法

【贮藏方法】-18℃冷藏。

【食用方法】吊炉烤制、家庭烤制。

六、采购渠道信息

北京金星鸭业有限公司

联系地址：北京市大兴区旧宫镇德茂庄德裕街 7 号

联 系 人：何艳东

联系电话：15350689768；010-67965682

京味花茶　还得京华

一、品牌简介

北京二商京华茶业有限公司成立于 1950 年，以茶产业运营、茶叶专业市场运营和茶文化运营为主营业务，拥有新中国第一批茶叶类注册商标——"京华"商标。"京华"品牌于 2010 年 3 月被中华人民共和国商务部认定为"中华老字号"，2014 年 5 月被北京老字号协会认定为"北京老字号"，而且连续 13 年入选中国茶行业百强。

二、品牌荣誉

2022 年在中国茶叶流通协会主办的第二届世界红茶产品质量推选活动中京特级滇红获大金奖，红茶袋泡茶荣获金奖；2021 年公司获选"2021 中国品牌影响力（行业）十大匠心品牌"，并入选"北京优农"品牌目录。

三、产品特点

公司的北京花茶拼配工艺，继承了新中国成立前各茶庄的传统技艺、拼配工艺及茶文化。公司坚持采用福建高山茶坯作为京华号茶的原料，确保了"色正、汤清、香高、味浓"的特色，突出了"京华"老北京茉莉花茶的特点，如茉莉花茶，香气弥久，代代传香。

四、供应周期

全年。

五、推荐贮藏和食用方法

【贮藏方法】避光、密封、防潮、防异味。

【食用方法】将茶叶投入杯中，使用 95℃以上的水冲泡。

六、采购渠道信息

北京二商京华茶业有限公司

联系地址：北京市西城区马连道 14 号

联系　人：关天昊

联系电话：15101526344

企业品牌——南郊农场

多彩幸福　享你所想

一、品牌简介

北京市南郊农场有限公司隶属于北京首农食品集团有限公司，其前身是 1949 年组建的国营五里店农场，是北京农垦事业的发祥地。南郊农场资产与年收入均超百亿元，有职工 2 000 多人，所属企业 26 家，其中百麦食品、壳牌石油为中外合资企业，打造了一批收入过亿元、利润超千万元的企业群和经济体，培育了"红星集体农庄""紫谷伊甸园""长阳绿色生态园""百麦""百嘉宜""馨德润"等众多子品牌。

二、品牌荣誉

2023 年入选"北京优农"品牌目录，而且南郊农场在"2023 中国品牌价值评价信息发布"榜单中位列农业品牌第十位，品牌价值达 18.33 亿元；2022 年入选中国农垦企业品牌目录。

三、产品特点

全年盛产各类绿色农副产品，有樱桃、梨、桃、草莓、李子、杏、西瓜、蔬菜等 40 余个优新品种，其中樱桃种植面积 300 余亩，属京西南最大的生产基地，品种多达 20 余个，产品种类包括红灯、美早、早红宝石、黄蜜、拉宾斯等。樱桃和梨连续多年获得"国家绿色食品 A 级"认证。

四、供应周期

全年。

五、推荐贮藏和食用方法

【贮藏方法】冷藏。

【食用方法】鲜食。

六、采购渠道信息

北京市南郊农场有限公司

联系地址：北京市房山区长阳镇水四路

联 系 人：刘仲磊

联系电话：13911257050

登录编号：BJYN-QY-2023019

吃北水食品　享健康生活

一、品牌简介

北京水产集团有限公司（品牌"北水"）隶属于北京首农食品集团，作为首都水产品市场保供稳价的主要贡献单位，成立于1952年。公司拥有35家全资、控股和参股企业，资产总额达70亿元，营业收入超150亿元，员工1 400余人。公司坚持稳中求进总基调，坚持"走出去"战略，积极推进高质量发展，立足首都水产品供应服务保障，构建以供应链为驱动，以水产品为突出优势的现代国际食品服务企业集团。

二、品牌荣誉

2021年北京水产集团有限公司（注册商标"北水"）成为"北京老字号"，被评为全国农产品批发市场行业（水产品类）三十强，并入选"北京优农"品牌目录。

三、产品特点

公司致力于让首都市民吃上绿色、安全、放心的海产品，以经营"北水"品牌平鱼、黄鱼、带鱼、南美白虾、虾仁、扇贝等深海、绿色、安全的水产品及巴沙鱼、罗非鱼等淡水鱼产品为主，依托"中国远洋渔业产品推广示范基地"，将金枪鱼切片、北极甜虾、牡丹虾等超低温产品引入北京市场，丰富了首都居民的餐桌，保障了首都居民的菜篮子。

四、供应周期

全年。

五、推荐贮藏和食用方法

【贮藏方法】-18℃冷冻。

【食用方法】油焖、白灼、油炸等。

六、采购渠道信息

北京水产集团有限公司

联系地址：北京市丰台区枫竹苑北路13号

联 系 人：陈文宇

联系电话：13466680269

企业品牌——黑六

登录编号：BJYN-QY-2023020

 黑六 吃北京黑猪肉 找回香的感觉

一、品牌简介

北京黑六牧业科技有限公司于 2006 年创建"黑六"品牌，是唯一拥有北京黑猪种质资源，集北京黑猪品种保护、育种、饲养科研、食品加工、销售、试验示范、技术服务于一体的牧业科技型企业。公司秉承"黑六"文化精髓，以"饲养北京黑猪、弘扬民族品牌、做优行业精品"为企业使命，成为我国地方猪种科学保护、开发利用的成功典范。

二、品牌荣誉

2022 年被评为国家级高新技术企业、北京市"专精特新"中小企业；2021 年被评为北京市安全文化建设示范企业、首都文明单位，并入选"北京优农"品牌目录；2019 年被评为最具影响力质量管理卓越品牌企业；2018 年荣获福利养殖金猪奖。

三、产品特点

北京黑猪体型中等结实，抗病力和耐粗饲能力强，生长速度适中；胴体细致，膘厚适度，瘦肉率为 58%；脂肪洁白，瘦肉鲜红，纹理细致，肉面干爽；肌内脂肪、肉色、肌肉嫩度、风味物质等肉质指标均优于白猪肉，肉的风味浓郁芳香、绕齿留香。

四、供应周期

全年。

五、推荐贮藏和食用方法

【贮藏方法】0～4℃冷藏；-18℃冻藏。

【食用方法】经烹饪煮熟后食用；开袋即食；经烹饪后，风味更佳；经加热后，即可食用。

六、采购渠道信息

北京黑六牧业科技有限公司

联系地址：北京市昌平区小汤山镇顺沙路（航空博物馆红绿灯往西路北）黑六小汤山基地

联 系 人：吴 鹏

联系电话：010-81704438

登录编号：BJYN-CP-2021045

谷物天成　玉润醇香

一、品牌简介

"天谷"品牌注册于1996年。"天谷"即"天赐之谷物"，品牌创意源自产品得天独厚的自然环境。"天谷"品牌持有者——北京市粮食有限公司是首农食品集团旗下的国有粮食企业，负责"天谷"大米的生产与销售。公司建有大米加工车间，采用先进的精选设备——布勒大米色选机，坚守国标的加工标准，进行大米筛选，采用低温存储的方式，全方位保障产品质量。

二、品牌荣誉

2021年入选"北京优农"品牌目录

三、产品特点

天谷系列大米产自东北黑土地，主要有天谷大米精小站、天谷大米优制、天谷大米长粒香、天谷大米稻花香、天谷大米石板米等产品。天谷大米具有颗粒饱满、油亮润泽、米粒清香、口感柔韧、色泽清白透明等特点，蒸制出来的米饭香气宜人、饭粒松软、黏度适中，口感甚佳，营养物质丰富。

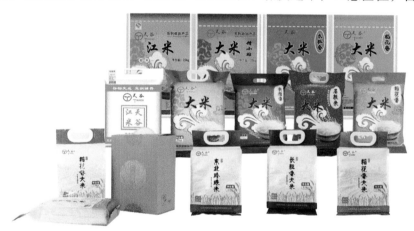

四、供应周期

全年。

五、推荐储藏和食用方法

【贮藏方法】阴凉避光干燥处。

【食用方法】蒸煮后食用。

六、采购渠道信息

北京京粮东方粮油贸易有限责任公司

联系地址：北京市丰台区大红门久敬庄24号

联系人：白　桦

联系电话：13683607786；010-67978059

◉ 产品品牌——大红门

登录编号：BJYN-CP-2023005

一、品牌简介

"大红门"品牌是北京老字号，走过近 70 年的发展历程。新中国成立初期，北京市生猪屠宰仍以私营为主，1951 年国家投资 170 余万元，在北京永定门外大红门街道南顶村建立屠宰场（俗称"大红门屠宰场"）。北京市食品公司 1955 年成立猪肉批发部，接管大红门屠宰场，开始对大红门屠宰场的生产设备进行改造，形成半机械化作业。1956 年开始工商业改造，实现全行业的公私合营，形成了由国营北京市食品公司独家经营的肉食品市场。

二、品牌荣誉

2023 年入选"北京优农"品牌目录；2020—2023 年荣获"中国 500 强最具价值品牌"称号；2022 年被评为 2022 年金篮子品牌（2020—2022）、上海食用农产品十大畅销品牌（2020—2022）；2021 年被评选为"最具价值品牌"。

三、产品特点

大红门品牌作为北京二商肉食集团的子品牌拥有双重身份。北京二商肉食集团拥有生猪养殖、生猪屠宰、肉制品、清真牛羊肉、国际贸易、肉食供应链六大板块。从加拿大引进的新加系大约克、长白、杜洛克原种猪和二元母猪，采用传统的喂养方式，分阶段饲养，饲料用番薯苗、玉米、米糠、麦皮等。

四、供应周期

全年。

五、推荐贮藏和食用方法

【贮藏方法】冷冻肉：-18℃及以下；冷鲜肉：0～4℃。

【食用方法】烧、炒、蒸、卤、酱、炖、炸等。

六、采购渠道信息

北京二商肉类食品集团有限公司

联系地址：北京市通州区潞城镇食品工业园区武兴北路 1 号

联 系 人：金勤伟

联系电话：15001370527

北京二商大红门直营店